思库文丛
汉译精品

无思考
认知非意识
的力量

Katherine Hayles

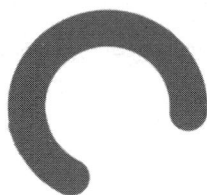

Unthought

[美] 凯瑟琳·海尔斯　　　著　　　冷君晓　　　译　　　江苏人民出版社

图书在版编目（CIP）数据

无思考：认知非意识的力量／（美）凯瑟琳·海尔斯著；冷君晓译. —— 南京：江苏人民出版社，2024.12
（思库文丛·汉译精品）
书名原文：UNTHOUGHT：THE POWER OF THE
COGNITIVE NONCONSCIOUS
ISBN 978 - 7 - 214 - 24523 - 6

Ⅰ.①无… Ⅱ.①凯… ②冷… Ⅲ.①认知科学
Ⅳ.①B842.1

中国版本图书馆 CIP 数据核字（2020）第 075769 号

Unthought：The Power of the Cognitive Nonconscious by N. Katherine Hayles
Originally published in English by The University of Chicago Press
Copyright © 2017 by The University of Chicago
Licensed by The University of Chicago Press，Chicago，Illinois，U. S. A.
Simplified Chinese edition copyright © 2024 by Jiangsu People's Publishing House
All rights reserved
江苏省版权局著作权合同登记号：图字 10 - 2017 - 543 号

书　　　名	无思考:认知非意识的力量
著　　　者	[美]凯瑟琳·海尔斯
译　　　者	冷君晓
责 任 编 辑	张　凉
装 帧 设 计	潇　枫
责 任 监 制	王　娟
出 版 发 行	江苏人民出版社
地　　　址	南京市湖南路 1 号 A 楼,邮编:210009
照　　　排	江苏凤凰制版有限公司
印　　　刷	南京爱德印刷有限公司
开　　　本	890 毫米×1240 毫米　1/32
印　　　张	8.875　插页 4
字　　　数	196 千字
版　　　次	2024 年 12 月第 1 版
印　　　次	2024 年 12 月第 1 次印刷
标 准 书 号	ISBN 978 - 7 - 214 - 24523 - 6
定　　　价	56.00 元

（江苏人民出版社图书凡印装错误可向承印厂调换）

中文版序言

　　凯瑟琳·海尔斯教授最为中国读者熟知的学术著作,莫过于她在1995年出版的《我们如何成为后人类》(*How We Became Posthuman*)一书。书中至今仍为人们津津乐道的"后人类主义",既是指导诸多学术领域研究的理论范式,也是最常受到误读的概念之一。批评家常常认为海尔斯教授是离身性后人类主义的提倡者,实则恰恰相反。在这部著作中,海尔斯教授梳理了二战以来种种特定于社会历史背景下建构后人类概念的尝试,而她这么做,恰恰是为了提出自己反对的声音。比起拥趸人们常识中理解的后人类,她呼唤数字化时代的具身体验,强调人作为物质实体与物质环境的交互。

　　《无思考:认知非意识的力量》的英文版出版于2017年,延续了她近30年前的思路,从神经科学和认知科学的研究出发,搭建起全新的理论体系。她尝试借用"认知非意识"来拓展狭隘的人类中心主义"认知"和"知识"等概念,寻找一种能够同时用于讨论有机生命和技术系统的知识范式，使之与当下人文学科领域的文本和理论对话，并能够应用于一系列广泛的实践、伦理和文学场景。

这一尝试与海尔斯教授的学术背景息息相关。自学术生涯始，她就一直致力于搭建自然科学和人文学科之间的桥梁，而其中很多尝试在整个人文领域的探索轨迹中留下了至关重要的影响。海尔斯教授本科就读于罗彻斯特理工学院，硕士毕业于加州理工大学化学系，之后她"弃理从文"，继续攻读了英语文学硕士和博士，自此投身到文学评论和研究工作中。换专业绝不是一种彻底的学科转变，相反，在海尔斯教授漫长而高产的学术生涯中，科学和文学这两条主线如影随形、相互交织，而科幻作为最能够体现二者融合优势的文类也自然成为她强调的领域之一。

本书的写作结构也能很好地体现出科学和文学的辩证二元性。海尔斯教授引入当前认知科学领域的最新研究成果，用非意识认知与人文领域内熟知的意识、无意识和潜意识等概念对话，对精神分析理论进行了科学的补充和拓展。当然，尽管她行走在技术哲学这条大脉络上，承续了德勒兹和瓜塔里的系综概念，并且受到拉图尔行动者网络理论及一系列新唯物主义思潮的影响，但她有意识地将自己的理论体系区别于带有活力论和泛灵论倾向的一部分欧美新唯物主义学者，这一点尤其表现在她旗帜鲜明地反对非生命物体和物质过程具有主观行动力这一观点上。

海尔斯教授提出的行星生态系统也试图摆脱生物与技术、自然与社会的二元对立，寻找更适合当下发达社会技术发展的伦理和理论分析模式。她从来没有单纯地鼓吹技术决定论，或者让我们完全抗拒、戒备和忌惮技术系统和智能设备。从较早的数字人文、媒介研究、后人类主义,到后期的神经科学和非意识认知,她的观点和论述一向带有折中的美学,这种折中不是圆融或者和稀泥,而是表现为时刻自省警觉的辩证,避免走向任何一种极端主义。这也意味着,在当下世界更趋向于极端和分化的社会政治文化场域中,她对于理论和学科的呼吁、摸索和尝试愈加重要。

　　海尔斯教授在本书中探讨的文本范畴本身也是一套后现代式的系综。她从理论框架入手,讨论非意识认知与其他范式互动的可能性,接着示范如何用非意识认知的理论进行文学文本的分析和阐释,以此作为对唯意识论的悖反和超越,讨论意识的局限性。然后她将讨论范畴进一步拓展到技术、社会、金融和生态层面,一方面阐述了各种技术系综——如城市交通、智能助手和无人机群——与人类意识和非意识的交互,另一方面批判美国资本主义结构性的不平等问题和新自由主义体系下以美国为主导的全球金融体系的不稳定性。同样作为技术发达国家的中国,也在逐渐面临类似的挑战和困境,因此本书对于分析中国当下技术、生态与人类现状具有重要的参考价值。她将人类作为行星生态系统和技术系综中一个尚且不可或缺的组成部分,整体性地考量系综当中各部之间的互动、互渗和互相影响,表明当下我们已不可能将人类或其他有机生命体从所谓的"技术"当中分离出来讨论,因而需要进一步探索人类与其他生命和技术系统的共生关系。

　　海尔斯教授是一位著作等身的研究学者,时至今日她仍笔耕不缀,从未停止过写作和教学。在紧跟科技发展脚步的同时,她的教学热情和对学生尽心倾力的帮助更令人动容。她也是一位非常关注中国的学者,不论是中国的哲学、文化、文学,还是当下的技术发展。疫情之前,她几乎年年受邀来到中国讲学或授课,其中包括她在昆山杜克大学任教的三个学期。她不仅是美国科幻研究学界的重要力量，也是最早关注中国科幻的美国学者之一。2015年，海尔斯教授曾在昆山杜克大学举办科幻研讨会，期间邀请了吴岩、罗鹏等学者，以及陈楸帆、夏笳、宝树等青年科幻作家，共同展开关于人工智能和虚拟现实的前沿圆桌讨论。

如今，已经从杜克大学退休、回到洛杉矶居住的海尔斯教授，依然活跃在学术场——只不过是以一种更加"虚拟"的方式。即便在全球疫情期间，国际旅行一度变得非常困难时，她仍然能够参与一系列全球各地举办的网络会议，报告她最新的研究课题，并组稿了以新冠疫情为主题的学术特刊。希望未来我们能够看到她在人文和技术领域更多的研究成果。

最后，还想对投入了很多时间和心血、最终完成了本书艰巨的翻译工作的冷君晓博士表示由衷的感谢。最初读到这本书的英文版时，我联系了当时作为我硕士论文指导老师的海尔斯教授，询问她是否愿意在中国出版这本书，她欣然同意，于是我又联系了本科时同为海尔斯学生的君晓来担纲翻译工作。这本书中有很多复杂深奥的理论概念，项目前期我们时常就一些术语的译法进行讨论。君晓为了能够尽善尽美地完成这本书的翻译，前后花费了三年时间，令我非常钦佩。硕士毕业后，我去加州读博士，才有机会去洛杉矶拜访海尔斯教授，并请教她书中较难理解的内容。另外，还要感谢陈楸帆先生为本书撰写推荐语，他一直关注这本书的出版，我们曾一同前往洛杉矶拜访海尔斯教授，也了解到她的关于最新生成式人工智能技术的见解。

感谢海尔斯教授让我与科幻和文学研究结缘，她是领我走上学术之路的引路人。作为海尔斯教授的学生，我本来并没有资格为她撰写中文版序言。但是海尔斯教授读完了我写的笔记，不但悉心修订和反馈，还在邮件中告诉我，她认为这篇文章"作为中文版序言非常合适"，尤其是考虑到中国的读者群体。感谢海尔斯教授一直以来对我和其他所有学生的包容、鼓励和支持。她让我明白，只要怀着对学术研究的热忱和敬畏之心，一切外界施加的关于种族、国别、性别的藩篱都可以被跨越。

王丁丁

2024 年 7 月于圣地亚哥

（王丁丁，美国加州大学圣地亚哥分校比较文学博士候选人）

致　谢

　　如果没有许多人的慷慨援助、智慧碰撞和协同合作，这本书绝无可能出版，他们促进了我的思考（和无思考），锤炼了我的论证，扩展了我的视野。最重要的是，我获得了充足的资金和时间来思考与写作——杜克大学的休假年、英国杜伦大学高级研究所的研究基金和芝加哥大学《批判探索》（*Critical Inquiry*）客座教授任职，这些都给予我重要的帮助。

　　在杜伦（英国）的数月，冬季刮寒风的日子里，我收获了新朋友们带来的温暖，他们包括 Linda Crowe、Mikhail Epstein、Gerhard Lauer、Gerald Moore、Richard Reed、Nicholas Saul 和 Veronica Strang。在芝加哥大学，有我无人可比的密友 Tom Mitchell、不断鼓舞人心的 Bill Brown、总是友好又慷慨的 Frances Ferguson；研究协会（Society of Fellows）为我提供了充满挑战又富有启发的交流机会。还有 Hank Scotch 为我提供的物质帮助和严格准确的编辑协助。

同样至关重要的还有一批学者，他们愿意在自己的作品出版前与我分享，包括 Louise Amoore、Ulrik Ekman、Mark Hansen、William Hutchison、Ann‐Christina Lange、Luciana Parisi 和 Patrick Whitmarsh。他们相信我能妥善使用这些资源，让我倍感温暖。我还受到杜克大学（北卡罗来纳州达勒姆市）杰出同事们的支持和激励，包括 Rey Chow、Elizabeth Grosz、Mark Hansen、Barbara Herrnstein‐Smith、Deborah Jenson、Tim Lenoir、Victoria Szabo、Toril Moi、Antonio Viego 和 Robyn Wiegman。2015 年秋天，我在杜克昆山大学秋季学期任教，在那里的几个月时间里，尤为重要的是 Andrew Field、Haiyan Gao 和 Deedra McClearn 给予我的支持。Mark Kruse 值得特别提出，他是《科幻小说/科学事实》（"Science Fiction/Science Fact"）课程的合作讲师。在我们探讨复杂的量子力学和相对论时，他非常耐心，为我和学生们带来了清晰的讲解和慷慨的指导。Maryann Murtagh 是我的研究助理，为我提供帮助和宝贵资源。Marjorie Luesebrink 是我一生的挚友，我们进行过数不清的对话，共进不知多少顿晚餐，许多思想碰撞，最后成为这本书的一部分。

年岁渐长的乐趣之一是，看到自己曾经的学生们青出于蓝而胜于蓝，从事最前沿的研究工作。我很幸运自己能与一群非常有才华的年轻学者合作，他们正在成为各自领域的领军者，包括 Olivia Banner、Zach Blas、Nathan Brown、Todd Gannon、Amanda Gould、Patrick Jagoda、Melody Jue、Patrick Le Mieux、Kate Marshall、Jessica Pressman、David Rambo、Jenny Rhee、Allen Riddell、David Shepard、John Stadler 和 Vidar Thorsteinsson。

我还要感谢许多科学家、文化评论家、媒介理论家和人文学者，他们的写作和研究对这一课题和我的整体工作提供了极其重要的帮助，包括 Karen Barad、Lauren Berlant、Rosi Braidotti、Jean‐Pierre Changeux、Antonio Damasio、Stanislas Dehaene、Gerald Edelman、Danuta Fjellestad、Elizabeth Grosz、Mark Hansen、Donald MacKenzie、Franco Moretti、Luciana Parisi、Garrett Stewart 和 Giulio Tononi。我的编辑，芝加哥大学出版社的 Alan Thomas，多年来一直是我的朋友和同事，我非常感谢他的坚定支持。

我最深沉的谢意，一如往常，属于我的伴侣和挚友，Nicholas Gessler。他那百科全书般的技术知识，独立解决问题的专注，对物质世界的无尽好奇，还有他的爱、温暖和慷慨，一直让我着迷。

此外，还要感谢以下刊物允许我将先前出版过的内容再次在本书中使用：第二章的大部分内容出现在 *Critical Inquiry* 4（4）：783-808（Summer 2016）的《认知非意识：扩展人文思维》（“The Cognitive Nonconscious：Enlarging the Mind of the Humanities”）一文中；第五章的大部分内容出现在 *Critical Inquiry*，“Cognitive Assemblages：Technical Agency and Human Interactions” 5（1）（Autumn 2016），© 2016 by The University of Chicago，版权所有；第六章部分内容出现在《认知非意识与自动化交易算法》（“The Cognitive Nonconscious and Automated Trading Algorithms”）一文中，刊于 *Parole, écriture, code*, edited by Emmanuele Quinz, translated by Stéphane Vanderhaeghe, Petite Collection ArtsH2H（Paris—Dijon：Les presses du réel, 2015）；第八章部分内容出现在《无处不在的认知：认知非意识的崛起和意识的代价》（“Cognition Everywhere：The Rise of the Cognitive Nonconscious and the Costs of Consciousness”）一文中，详见 New Literary History 45.2（Spring 2014）：199-220。

目　录
CONTENTS

第二部分

认知系综

序 转变我们看待世界的方式

> 当他用那清澈、友善又坦率的双眼看我，他的眼神中有一万三千年岁月缓缓流过：那种思想的方式如此古老，如此坚实，如此完整而连贯，仿佛可以将一头野兽的自我无意识赋予人类，那是一头雄伟的异兽，直勾勾地看着你，它就是那永恒的存在。

题记选自厄休拉·勒奎恩（Ursula Le Guin）的科幻小说《黑暗的左手》（*Hand of Darkness*），这段话刻画了主人公根利·艾和瀚德拉教占卜者法克斯第一次见面的场景和他们的"无学"传统。"惯用否定用法"的瀚德拉教一定会即刻承认，"无思考（unthought）"是一种不涉及思考的思考。无思考发生在思考之前：一种与陷入"永恒现在"的世界的互动模式，永远避开意识迟来的控制。

"无思考"也可以被用来指代神经科学的最新发现，它证实了意识反思无法触及，却又对意识运转至关重要的非意识认知（nonconscious cognition）过程的存在。为了充分理解非意识认知的能力，我们需要从头开始，对认知展开激进的反思。此外，由于非意识认知过程的存在几乎不为人文学科所知，"无思考"暗示着一块未知之地，它超越了我们已有的对意识运作方式的见解。随着非意识认知被纳入考量，指向丰富的可能性，"无思考"也指明了对人类和技术系统互动进行概念化的强大潜能，这能让我们更清楚地理解生活在当代发达社会中政治、文化和伦理的风险。

为了实现这种潜能，第一步要明确术语含义，包括意识（conscious）、无意识（unconscious）和非意识精神过程（nonconscious mental processes）。

本书使用的"思考（thinking）"一词，代表与高阶意识（higher consciousness）有关的思维和能力——比如理性、构思和操控抽象概念的能力、语言能力等等。当然，高阶意识不是意识的全部，甚至不是主要部分：提升和支持高阶意识的，是具身主体嵌入和浸入环境的方式，以及具身主体作为分布式认知系统发挥的作用。无论是习惯杂乱的主人那空间分布复杂、充当外部记忆设备的混乱桌面，还是我正在打下这些字句的电脑，抑或是发达社会中越来越密集的、正在重塑人类生活的"智能"技术，人类主体再也不会被他们皮肤的边界所限制——甚或定义。

本书的部分任务是分析和探究非意识认知系综（assemblage），分布式认知系统通过这些系综发挥作用。通过使用定冠词"the"（the cognitive nonconscious），我意在不将这些系统具体化，而是指出它们的系统效应。当我的重点落在个体主体上时，我会使用更具过程性色彩的"非意识认知过程"（nonconscious cognitive processes）。但是，这些系统只有在以系统的形式运转时，其能力才会最大化，它包含传感器、促动器、处理器、存储媒介和分配网络之间明确的接口和通信线路,其中包括人类、生物、技术和物质组成部分。在这些情况下,我会使用认知非意识(the cognitive nonconscious)这一重要的术语,它囊括了技术和人类认知体。正如第五章中所指出的,我偏向于使用"系综"而非"网络",因为系统运作的构造总在转变,不断增减成分和重组连接。比如,当一个人打开手机,她就成了非意识认知系综的一部分,这个系综原本由信号塔和网络基础设施组成,后者又包含开关、光纤和/或无线路由器及其他组成部分。关掉手机后,基础设施依旧运行,但人类主体不再是该认知系综的一部分。

尽管非意识认知在认知科学、神经科学和相关领域中不是全新的概念,但我认为它还未得到应有的重视。人文学科尚未开始触及它的变革性潜力,更不用说相关的探索和讨论。此外,即使在科学学科中,生物非意识认知和技术非意识认知之间的鸿沟,也如同清晨阳光下的科罗拉多大峡谷一样宽广。本研究的贡献之一,就是提出一种既可用于技术系统,又可用于生物生命形式的认知定义。与此同时,这一概念也排除了海啸、冰川和沙尘暴等物质过程。认知和物质过程的区别在第一章中有所解释,其重点围绕阐释和选择——生物生命形式和技术系统均能实现的认知活动,而物质过程则不能。打个比方,海啸不会为了避开人山人海的沙滩而选择撞击悬崖。虽然我提出的框架承认物质过程拥有令人敬畏的能动性,但它并不等同于活力论或泛灵论。尽管一些备受尊敬的学者,如简·贝内特(Jane Bennett)和史蒂夫·沙维罗(Steve Shaviro),为了满足自己的目的而支持活力论或泛灵论,但我认为它们无益于理解人类—技术认知系综的特殊性,及其拥有的改变地球生命的力量。

我认为这些正在进行中的改变,是当下我们面临的最紧迫的问题之一，从中延伸出的问题包括：技术自动化系统的发展和人类决策在其运作中能够且应当发挥的作用；人类由于认知能力成为地球上的支配物种，这种根深蒂固的信念所造成的严重环境破坏；及由此重新构想其他生命形式认知能力的需要。相关的发展之一是，计算媒介实际上扩展到所有复杂技术系统之中，这同时迫切要求我们更清楚地理解它们的认知能力如何与人类复杂系统互动和互渗。

如这一框架所示，本研究的另一贡献在于创立了*行星认知生态*（planetary cognitive ecology）的概念，它包含人类和技术行动者，这非常适合成为伦理探究的焦点。传统伦理探究关注个体人类，将其视为拥有自由意志的主体，但这一视角已经不足以处理自动运转的技术设备，以及复杂的人类—技术系综，其中认知和决策能力分布于整个系综。我将后者称作认知系综（cognitive assemblage），本书第二部分将阐释它们如何运作，并评估它们对于我们当下和未来的影响。

在此，我想简要介绍本书的计划和构架。第一部分关注非意识认知的概念，我在第一章发展出一种框架，以帮助理解它与意识/无意识以及物质过程之间的关系。第二章总结了证实非意识认知存在的科学研究，并将其定位于当代关于认知的辩论中。第三章讨论"新唯物主义"（new materialisms），并分析将非意识认知纳入其框架所能够带来的益处。随着非意识认知作为人类认识活动重要组成部分的观点逐渐获得认可，意识的利弊因此受到仔细审视。我们可将这种动态设想为某种概念化的跷跷板：非意识认知的重要性和关注度越提升，意识作为人类决策主导者和支配性人类认知能力的地位就越受到动摇。第四章通过分析两部当代小说，汤姆·麦卡锡（Tom McCarthy）的《记忆残留》（*Remainder*，2007）和彼得·沃茨（Peter Watts）的《盲视》

(*Blindsight*，2006)，阐释了意识的代价。

　　第二部分转入人类－技术认知系综的系统性效果。第五章从交通控制中心到有人驾驶和全自动无人机等典型案例入手，阐明了它们的动态特征。第六章关注自动交易算法，展现这些算法如何要求和例示技术自主性，因为它们的运行速度远超人类的决策时间机制。本章也讨论了这类认知系综可能产生的后果，尤其它们造成全球经济不稳定的系统性结果。第七章通过细读科尔森·怀特海德(Colson Whitehead)的小说《直觉者》(*The Intuitionist*)，探讨了认知系综的伦理内涵。第八章阐述认知系综的乌托邦潜力，并将论证拓展到数字人文，提出它们本身也可被视为认知系综，并展示拟议的非意识认知框架将如何影响对数字人文的理解和评估方式。

　　作为总结，我想呈现一些核心理念，希望本书的每一位读者都能领会：大部分人类认知发生在意识/无意识之外；认知覆盖整个生物谱，包括动物和植物；技术设备也能够认知，并借此深刻地影响人类复杂系统；在我们现在生活的时代，行星认知生态正在经历剧烈转变，这迫切要求我们反思认知，并从全球范围出发重新构想它所带来的后果。尽管一些读者可能认为这些理念中的一些或全部具有争议，但我希望它们有助于开启关于认知及其重要性的对话，目的是理解我们当下的状况，并推动我们为了所有生命和非人类他者追求更加可持续的、持久的、繁荣的环境。

第一部分

非意识认知与意识的代价

第一章　非意识认知：人类及其他

意识和高阶思维必然相互依存的观念植根于人类中心说，这一观念有几个世纪乃至上千年的传统。但在最近，一场针对意识局限性的广泛重估，相应地引发了对其他认知功能及其在人类神经过程中重要地位的修正。意识在我们的思维中占据核心位置，并非由于它是认知的全部，而是它创造（有时虚构）了让我们理解生活的叙事，并且支撑了关于世俗连贯性的基本假设。与之相反，认知是一种更广阔的能力，它超越意识层面，延伸到其他脑部神经过程；它在其他生命形式和复杂技术系统中也十分普遍。尽管有许多概念被用于描述意识之外的认知能力，但我将它称为非意识认知。

也许没有任何一个领域像意识研究一样，充斥着各种术语上的差异；我无意在此整理过去几个世纪的困惑，而是将试着理清我运用这些术语的方式，这一尝试将贯穿全书始终。我使用的术语“意识（consciousness）”，由核心意识或元意识构成（Damasio，2000；Dehaene，

2014；Edelman and Tononi，2000），是一种分辨自我和他者的知觉（awareness），人类、许多哺乳动物和一些水生动物，比如章鱼，都具有自我知觉。此外，人类，（可能）还有少部分灵长类动物，表现出外延（Damasio，2000）或次阶（Edelman and Tononi，2000）意识，它与符号推理、抽象思维、口头语言和运算等能力相关（Eagleman，2012；Dehaene，2014）。高阶意识与自传式自我有关（Damasio，2012，203-207），通过我们日常生活中的脑内语言独白强化；这种独白反过来与作为自我的自我知觉的生成有关（Nelson，in Fireman，McVay，and Flanagan，2003，17-36）。安东尼奥·达马西奥（Antonio Damasio）注意到，认知非意识[他使用"原自我"（protoself）这个术语]能够创造一种感觉的，或非言语的叙述，他解释了这些叙述是如何在与高阶意识的语言内容融合后变得更加明确。"被赋予大量记忆、语言和推理、叙述的大脑……变得更加丰富，能够呈现更多知识，由此产生一个清晰可辨的主人公，即自传式自我"（Damasio，2012，204）。每当言语叙事被激活或再现，正是思维能力在赋予它意义。①

核心意识并非明确区别于所谓的"新"无意识（在我看来这并不是恰当的说法），即在意识注意力之下运行的广谱环境扫描（Hassin，Uleman，and Bargh，2005）。比方说，你一边开车一边思考问题，前面的车辆突然急刹，你的注意力会迅速回到路面。意识和"新"无意识之间这种简单持续的交流，表明它们可以被划分为同类，都可作为知觉

---

① 研究表明，即便在高阶意识解码语言叙述之前，核心意识甚至非意识认知就已经引发宜于叙述发展的生理反应；例见 Katrin Riese et al.（2014）。

模式（modes of awareness）。①

　　相反，非意识认知在知觉模式无法触及的神经处理层面运作。尽管如此，它发挥的功能对于意识来说仍然必不可少。过去几十年的神经科学研究表明，非意识认知的功能包括将躯体标记整合为连贯的身体表现（Damasio，2000），整合感官输入使之在时间和空间上表现出连续性（Eagleman，2012），以远高于意识的速度处理信息（Dehaene，2014），识别意识无法察觉的、过于复杂而微妙的模式（Kouider and Dehaene，2007），做出影响行为的推断和帮助决定优先事项（Lewicki，Hill，and Czyzewska，1992）。也许它最重要的功能是，保证摄取速度缓慢、处理能力有限的意识不被涌进大脑的海量内外信息冲垮。

　　强调非意识认知并不意味着忽略意识思维的成就，后者常常被视为人类的定义特征，而是为了得出一种更均衡、更准确的人类认知生态观点，开启意识思维与生物认知体、技术系统认知能力之间的比较。一旦我们克服了人类是地球上唯一重要或相关认知体的（错误）认识，大量的新疑问、议题和伦理考量就会进入视野。为了处理这些问题，本章将提供一个理论框架，整合意识、非意识认知和物质过程，它提供的视角让我们能够思考生物和技术认知之间纠缠的关系。

　　尽管技术认知常被拿来与意识的运作比较（我不同意这个观点，接下来会讨论），但人类非意识认知过程形成了一个更加贴切的类比。和人类非意识认知一样，技术认知能以比意识更快的速度处理信息、识别模式、做出推论，对于状态感知系统来说，还能处理子系统的输

①　对弗洛伊德无意识感兴趣的读者，可将它视为"新"无意识的一个分类，即受到某种创伤的介入，打断了与意识简单和持续的沟通。但是，它通过梦境和症候反映到意识层面。

入，后者提供系统整体的状态和运转信息。此外，技术认知被特别设计成能够防止人类意识被庞大、复杂、多层次的信息流吞噬，这样人脑不再需要处理它们。这种对照绝非偶然。它们的涌生代表认知能力在外部世界的外化，曾经唯独存在于生物体内的能力，正在快速改变人类文化与更广阔的行星生态系统之间的互动方式。的确，生物认知和技术认知如今已经深度交缠，更准确地说，是相互渗透。

第一部分的标题"认知非意识"，旨在点出人类—技术互动的系统性。在第二部分，我将其称为认知系综。这里的系综不应仅仅被理解为无形的混沌。尽管在某些方面可能会出现偶然事件，但认知系综内部的互动很明确地由传感器、感知器、促动器和互动者认知过程构成。由于这些过程能够产生涌生效果（emergent effects），不管在个体还是集体层面，因此当需要强调它们流动异变和转化的能力时，我会使用*非意识认知*［*nonconscious cognition*(*s*)］。当系综的系统性更为重要，我会使用带有定冠词的认知非意识（*the* cognitive nonconscious）指出具体构成。我在整个课题中采用这种形式的原因是，认知系综产生的广大影响发生在系统层面，而不是个体层面。总体而言，我课题的目标是绘制变革性视角，当我们将非意识认知纳入全面考量，认识到它对人类经验、生物生命和技术系统来说至关重要时，这种视角自会涌生。

尽管我的研究重点是不具备意识知觉功能的生物和技术认知，但以认知主义范式为参考，可能有助于澄清我的立场。认知主义范式认为，意识的运行借助于操控形式符号，该框架将人类思维运作等同于计算机。显然，人类能够抽象化具体情境，转为形式化再现；几乎所有数学运算都依靠这些操作。然而，我质疑操控形式符号总体来说是否是意识思维的主要特征。让-皮埃尔·迪皮伊（Jean-Pierre Dupuy，2009）在研究中指出，认知科学由控制论发展而来，但关键地改变了后者的假设，不将认知主义范式的特征归纳为机器的拟人化（诺伯特·维纳有时想这样定位控制论），而是思维的机械化："认知主义者眼中的计算……是符号计算。它要处理的语义对象因此也很明了：它们是应当对信念、欲望等产生回应的心理表征，由此我们得以解释自己和他人的行为。因此，人的思考就是以这些表征为基础运行计算的过程。"（Dupuy，2009，13）

如迪皮伊所示，这一建构受到多方反对。尽管在整个 20 世纪 90 年代和初入 21 世纪时，认知主义是认知科学的主导范式，但它在实验证据收集上面临越来越大的压力，因为实验证明大脑确实在日常思维中进行这些计算过程。迄今为止，结果寥寥，但劳伦斯·W. 巴萨罗（Lawrence W. Barsalou， 2008 ）提出的"具象认知"（grounded cognition）却收获了越来越多的实验证实。"具象认知"是由模态感知的心理模拟支撑和彼此紧密相连的认知，包括肌肉运动、视觉刺激和声音感知。部分原因来源于人类和灵长类动物大脑中镜像神经元回路的发现（Ramachandran，2012），米格尔·尼科莱利斯（Miguel Nicolelis，2012）在脑机接口（Brain-Machine-Interfaces，简称BMI）的研究中发现，镜像神经元帮助人类、灵长类动物和一些其他动物施展出超越肉身的功能，比如将四肢运动推进到假肢延伸。

此外，争论者们也质疑能否将神经过程本身解读为计算过程。沃尔特·J. 弗里曼（Walter J. Freeman）和拉法尔·努纳兹（Rafael Núñez）不认同计算主义观点，他们辩驳："行动潜力不是二进制数字，神经元也不会做布尔代数。"（1999，xvi）埃莉诺·罗施（Eleanor Rosch）

在《重申概念》("Reclaiming Concepts")(Núñez and Freeman，1999，61-79)一文中，谨慎地比较了认知主义范式和具身/嵌入（embodied/embedded）观点，认为经验性证据强烈支持后者。巴萨罗（2008）的研究指出，认知主义范式的特征是非模态符号操控（amodal symbolic manipulation），它只建立在逻辑陈述上，不受到日常生活中人体丰富的物理行动能力支持。如大量研究者和理论学者所示（Lakoff and Johnson，2003；Dreyfus，1972，1992；Clark，2008），具身和嵌入行动对于语言图示和智力理解的形成非常重要，它们通过隐喻和抽象表达自身，从身体延伸到关于世界运作方式的复杂思维。

我将生物生命形式与计算媒介的非意识认知进行比较，并不是在暗示两者进行的过程相同，甚或大体相似，因为它们发生在完全不同的物质和物理语境中。但是，它们在复杂的人类和技术系统中发挥相似的功能。尽管功能主义有时被用来暗示只要结果相同，实际的物理过程并不重要（比如在行为主义和一些版本的控制论中），但我要提出的框架强调语境对非意识认知的重要性，包括认知发生的生物和技术环境。尽管语境之间存在天壤之别，生物体和技术系统的非意识认知具有某种结构和功能上的相似性，尤其是它们均从低阶选择出发，建立多层互动，最终从非常简单的认知上升到更高阶认知和阐释。

探索这些结构上的相似性，需要大量基础清理工作，解决一些悬而未解的问题，比如机器是否能思考，是什么让认知区别于意识和思维，认知与物质过程的区别何在，又如何与之互动。从这些基本问题出发，进一步需要讨论的议题包括计算和生物媒介所具有的能动性本质——尤其是与物质过程相比较——以及技术认知系统在认知系中作为自主行动者的伦理含义。举例而言，当自动运行的无人机或机器战士执行致命袭击，采用何种伦理责任准则才合适？关注点应该是技术装置本身，还是启动机器的人（们），抑或是生产方？为了涵纳以指数级扩张的技术认知系统，并足够精准地捕捉它们与人类文化和社会系统之间的复杂互动，什么样的视角才能提供这种强健（robust）的框架呢？

抛出这些问题就像拉扯毛衣底部晃荡的线头；你越是拉扯，思考生物和计算媒介的重要性就变得越清晰。本书的第一和第二部分尽可能地拉扯线头，并试图将它们重新编织成不同的图案，重新评估人类和技术能动性的本质，重新摆放人类和技术认知的位置，并探究这些模式将为人类带来怎样的新机遇和新挑战。

思考与认知

编织图案的第一步，是区分思考和认知。我所使用的思考，是指高层次思维运作，如抽象推理、创造和使用语言表达、构建数学定理、作曲等等，这些运作与高阶意识有关。尽管智人可能不是唯一具备这些能力的物种，但人类毫无疑问是对其掌握最熟练、发展最深远的物种。与之相对，认知是一种更广泛的能力，在一定程度上所有生物生命形式和许多技术系统都有所表现。这一观点与亨博托·马特若那（Humberto Maturana）和弗朗西斯科·瓦雷拉（Francisco Varela）关于认知和自生系统的经典研究（1980）中采取的立场相重合。它也与新兴的认知生物学保持一致，该学科认为一切生物体在与各自环境互动时，都会参与认知的系统性活动。这一领域由布莱恩·C. 古德温（Brian C. Goodwin, 1977）命名，后来由斯洛伐克科学家拉吉斯拉夫·

科瓦奇（Ladislav Kováč）进一步发展（2000，此后以"FP"代指；2007），科瓦奇在规范该学科准则和探索其意义方面起到重要作用。

认知生物学规范中的认知，采用一些主流观点中的术语，但同时也彻底改变了它们的内涵。传统观点认为，认知与人类思维有关；比如威廉·詹姆斯（William James）曾称"认知是意识的功能"[（1909）1975，13]。此外，认知还经常被定义为"知之行"（act of knowledge），其中包括"感知和判断"（"Cognition," in Encyclopedia Britannica）。一种非常不同的视角充斥于认知生物学的准则中。譬如，科瓦奇在观察报告中写道，即便单细胞生物也"必然具备关于环境特征的最少限度的知识"，结果为一种和环境的互动，"不论"组成它的特征和分子"多么粗糙和抽象"。他总结道："总之，所有层级的生命，不管是否达到核酸分子级别，其复杂性起到特定作用……符合某种具身知识，被转译为系统的构建。环境由大量潜在的生态位（niche）构成：每个生态位都是一个待解决的问题，要想在生态位生存下来，就必须解决问题，而解决方法就是具身知识，它是决定如何生存的算法。"（"FP"，59）这一观点指出，认知不局限于拥有意识的人类或其他生物体；它覆盖全部生命形式，包括缺少中枢神经系统的生物，如植物和微生物。

这一观点的优势在于突破了人类中心主义的认知观，在不同种群间搭建桥梁，构建了比较视角下的认知观点。正如帕梅拉·里昂（Pamela Lyon）和乔纳森·奥佩（Jonathan Opie）指出（2007），认知生物学提供了与经验结果相符的框架："大量证据显示，就连细菌也在努力解决一些为认知科学家熟知的问题，包括：整合多种传感渠道带来的信息，针对不断变化的环境提出有效应对措施；在不确定条件下决策；

与同类和非同类交流（诚实地或欺骗性地）；协调集体行为以提高存活率。"①科瓦奇把生命形式与其环境建立联系的能力称为*自塑力*（onticity），即在变化环境中的存续能力。据他观察，"成千上万物种的、不同层级的生命，在一刻不停地'测试'一切前进的可能性"（"FP"，58）。在一段对其推论幽默的延伸中，他想象一位细菌哲学家正在思考同样困扰人类的自塑力问题，叩问世界是否存在，如果它存在，存在的理由又是什么？和人类一样，细菌无法在自己的能力范围找到绝对答案；尽管如此，它仍然追求"在世界中的自塑力"，并因此"已然成为一个主体，将它面临的世界视为客体。在所有层次上，从最简单到最复杂，主体的总体构建，所获知识的具身性，都表现出它的认识复杂性（epistemic complexity）"（"FP"，59）。按照科瓦奇的说法，世界上认识复杂性的总量不断增加，受到他所说的生物体信念测试的推动："只有一部分生物体的建构是*具身知识*，其余是*具身信念*……如果我们将一个细菌的异变看作关于环境的新信念，那么可以说，这个异变者愿意牺牲自己的生命，证明它对这一信念的忠诚。"（"FP"，63）如果它幸存下来，它的信念便转化为具身知识，由此传递给下一代。

　　通过比较传统和认知生物学视角，我们发现相同术语拥有截然不同的含义。*知识*（knowledge），传统观点中认为它几乎完全存在于意识范围内，当然也就意味着存储在大脑内。相比之下，认知生物学观点认为，知识是在生物与环境互动中所获，具身化于生物体的结构和常规行为中。*信念*（belief），传统语境中指有意识的生命在经验、意识形态、社会条件等因素的合力影响下产生的立场。认知生物学则认

---

① 摘要参见 https://thesis. library. adelaide. edu. au/。

为，信念是生物在与环境的持续互动中产生的尚未确定的倾向，作为一种对波动环境的演化反应，其强健性不断受到检验。最后，*主体*（subject）在传统语境中多被用来指代人类或至少有意识的生命，但在认知生物学观点中，主体包含所有生命形式，甚至是渺小的单细胞生物。

植物信号和植物智慧论主张

在植物研究领域，认知学观点与传统关于智慧（intelligence）的观点大量交锋，这为我们探索复杂互动提供了便利的落足点。在《纽约客》（*New Yorker*）最近刊登的一篇文章中，迈克尔·波伦（Michal Pollan）总结了关于"神经生物学和植物生物学"同源性的研究，特别指出植物"能够认知、交流、处理信息、计算、学习和记忆"（Pollan，2013，1）。这些主张早在《植物科学趋势》（*Trends in Plant Science*，Brenner et al.）期刊一篇发表于 2006 年的文章中明确提出。该文章既是一篇研究综述，也是一篇引发争论的宣言，旨在建立生物神经学这一新学科。文章提出，许多植物信号的复杂性与动物神经生物学十分相似。作者们发现，植物"智慧"的争议已经成为烫手山芋，这始于出版于 1973 年的科普图书《植物的秘密生活》（*The Secret Life of Plants*），作者为彼得·汤普金斯（Peter Tompkins）和克里斯托弗·博德（Christopher Bird），尽管该书缺少论据，但发表了非同寻常的主张。结果，很多植物科学家都尽可能地远离植物"智慧"主张，包括植物能够适应人类情感状况的说法。布雷纳等人认为，很多植物生物学家因此拒绝思考植物反应和动物神经学之间的相似性，反而实行"一种思想、讨论和研究上的自我审查，禁止提出任何相关问题"（415）。

　　不管这样的评论是否公正，布雷纳等人的文章表现出修辞和论证策略上深刻的矛盾性。一方面，作者想通过研究记录，表明植物个体和群体行为背后的机制如何复杂而微妙；另一方面，他们无意中重新巩固了动物智慧的特权，暗示植物信号越接近动物神经生物学，它就越有可能是*真正*的智慧。这种矛盾明显地表现在对词源的追溯上，"神经元"（neuron）一词起源于柏拉图和古希腊时期，意为"任何有纤维状特征的事物"（414）。按照这一定义，植物显然拥有神经元，但在通常定义下它们没有（神经元具有细胞核和轴突，利用神经递质传导信号）。类似的矛盾表现在他们给智慧下定义的方式；通过坚持使用智慧一词，他们在貌似宣称的和实际言说的内容之间制造出一种修辞上的张力。文章首先提出一种对植物智慧的定义（引自 Trewavas，2005），即"植物在整个生命期间适应性可变的生长"（414），然后他们扩充了该定义，增加了针对信息处理和决策过程的强调："一种本能的处理信息的能力，借助非生物或生物刺激，让植物在特定环境中得出关于未来活动的最优解。"（414）

　　在我看来，这一定义为重构认知含义提供了关键线索（早在阅读布雷纳等人的文章之前，我就一直关注这条轨迹），它也提供了分析案例，告诫我们为什么最好避免在非人类（和技术）认知中使用"智慧"一词。波伦记录道，"许多植物科学家发动了猛烈的进攻"，对象是他们所理解（误解）的观点。他注意到有 36 名植物生物学家联名著文抨击布雷纳的文章，此文同样发表在《植物科学的趋势》上。文章开篇就是一通狂轰滥炸："我们开门见山地说：至今没有任何证据证明植物拥有神经元、突触或大脑这样的结构。"（转引自 Pollan，3）波伦指出："实际上，那样的断言从未出现——宣言只提到'类似的'结构——但在不涉及真正神经元的情况下使用'神经生物学'一词，显然是科学家们不能容忍的。"(3)波伦的这番评论包含暗讽（透露出他本人的同情），但我认为他并没有说清情况的复杂性。问题不在于科学家的忍耐程度，而在于智慧的传统观点如何与挑战（也有可能无意间强化）人类中心主义观点的研究相互碰撞，并将其复杂化。比如丹尼尔·查莫维兹（Daniel Chamovitz）就坚定地认为，植物具有感觉和应对环境的惊人能力，他辩驳道："问题……不该是植物是否是*智慧的*——我们可能需要讨论很久才能在这个术语的定义上达成共识；真正的问题应该是，'植物有知觉吗?'事实是，它们有。"(2013，170)确实，波伦自己指出："争议很少关于最新的植物科学发现，更多围绕如何解读和命名它们；当观察到植物类似于学习、记忆、决策和智慧的行为时，它们是否配得上这些命名，还是说这些术语只适用于拥有大脑的生物。"(4)

为了类比，我想到吉兰·比尔（Gillain Beer）的精彩研究著作《达尔文的计谋：达尔文、乔治·艾略特和19世纪虚构文学的进化叙事》（*Darwin's Plots：Evolutionary Narrative in Darwin，George Eliot，and Nineteenth Century Fiction*，1983），这本书追溯了达尔文在《物种起源》一书中的挣扎，他认为进化过程不存在预先注定的终结和目的论世界观，但这种叙述却根植于他所继承的基督教语言中，他在书写过程中本能地采用这种语言。经过一番细读，从达尔文的隐喻、句子结构和用语策略中，比尔追溯了他试图用旧式语言阐述新视角的愿望。布雷纳的文章中充满相似的挣扎；尽管反对的科学家们确实在字面意义上有所误读，但他们也对上述矛盾作出回应，一边是实际证据，另一边是重新定义"神经元"策略所暗含的影射。在这个意义上，他们准确地察觉到了文章的双重目的,即借光人类中心说价值的权威"智慧"意义,同时修正构成智慧的标准。

由于植物占据地球上99%的生物量,可见问题涉及范围不小,包括克里斯托弗·D. 斯通[Christopher D. Stone,(1972)2010]早在几十年前就提出树木是否应该具有法律地位。我更明确地倾向于构建一个强健而又全面的框架,如果将植物排除在外,没有理由不会牺牲概念的连贯性(更别说忽略植物应对变化环境之惊人能力的海量证据)。①

然而,假设人们仍希望在认知生物体和非认知体之间划清界限,我论证中大部分重要的方面仍然可以包括在内:重新评价认知与意识的区别;承认认知技术现在是我们行星认知生态中的一股强大力量;以及认知技术和人类系统互相渗透所创造的快速增长的复杂性。在我看来,这些是毋庸置疑的,但关于植物的论证不是我优先讨论的核心内容(尽管它依旧重要)。于是我注意到,定位认知和非认知的界限是充满争议的,从不同的视角出发会得出不同的结论,并可能与我支持的结论相冲突。对我来说,重点不是界线划在哪里,而是人们能够意识到上文提及的核心议题乃当务之急。此外,我的另一个重点是人文探究在这一领域中扮演的角色。由于重构认知概念发生在广阔的跨学科前沿,这项工作充满语言学和概念上的复杂性,而人文学科细致入微的修辞理解、论证和阐释,都可以为这场辩论贡献良多。

作为这一部分的总结,我将简要介绍植物认知有多么复杂,这里

---

① 在《植物理论:生命权力与植物生活》(*Plant Theory:Biopower and Vegetable Life*)一书中,杰弗里·尼隆(Jeffrey Nealon)认为,在生命权力和动物权力话语中,植物是被遗忘甚至鄙视的对象:"植物,而不是动物,在人文主义生命权力的主导体制中被遗忘、抛弃"。(Nealon,2016,location 56)

的"认知"指代植物从周边环境感知信息的方式、与自己和其他生物区交流的方式，以及对变化环境灵活、适应的应对方式。他们的"固着生活方式"（Pollan，4-5——"固着[sessile]"指有机生物直接依附于某种底物，比如珊瑚和绝大多数植物）包含许多感官——其中包括亲缘识别——侦测其他植物的化学信号，类似于人类的五感。波伦解释人们观察得出的植物亲缘识别方式："根能够区别附近的根属于自己还是其他植物，如果是其他植物，则会分辨同类或异类。一般来说，植物与异类植物争夺根的空间，但当研究者将五大湖海芥属植物（*cakile edentual*）近亲种在同一个盆里，它们会压抑通常的竞争行为，实现资源共享。"（Pollan，5）研究早就发现，植物可以释放和感知各种各样的化学信号；它们也会产生抵御捕食者的化学物质，并产生对传粉昆虫有精神效果的其他化学信号，鼓励它们再次返回原植株。随着研究人员继续研究电信号和化学信号、基因结构和植物行为之间的相互作用，人们越来越清楚地认识到，不管研究者对于人类中心说下"智慧"概念的立场是什么，植物都以极为微妙和复杂的方式解读各种各样的环境信息，并对挑战作出回应。

技术认知

认知生物学，以及上述植物生物学相关研究，为认知概念开启了一片广阔天地，在这一层面上，它与我追求的路径一致。然而，这些研究的努力错过了从生物认知跨越到技术认知的机会，尽管术语的再定义在一定程度上为这一延伸创造了可能。为了说明这一点，我转向亨博托·马特若那和弗朗西斯科·瓦雷拉在开创性著作《自生与认知：

生命的实现》(*Autopoiesis and Cognition：the Realization of the Living*，1980)中提出的认知观。马特若那和瓦雷拉属于有别于认知生物科学的智利生物认知学派；但他们的观点足够接近认知生物学，展现出将认知延伸到技术系统所需作出的调整。

尽管二人在生命体的认知能力上达成共识，但当关系到这些能力能否扩展至技术系统时，他们产生了分歧——马特若那不认同，瓦雷拉认同。这场分歧是可以理解的，因为他们构建认知的视角，让认知向技术系统的延伸看起来不那么显而易见。在他们看来，认知与递归(recursive)过程紧密相关，在这一过程中，生物体的组织决定它的结构，而它的结构也决定它的组织，安迪·克拉克(Andy Clark，2008)将之称为不间断相互*因果性*(continuous reciprocal causality)(注意，马特若那和瓦雷拉不会使用*因果性*一词，因为他们观点的核心是生命的封闭或自生特征)。在他们看来，认知就是这种信息封闭及其产生的动态递归。他们关于生物体信息封闭的推论，导致向技术系统的延伸出现问题，因为技术系统可以自证并非信息封闭，而是接受各种类型的信息输入，也产生信息输出。故要想更完整地探索技术系统的认知能力，便需要采用另一种认知定义。

在《具身心智：认知科学和人类经验》(*The Embodied Mind：Cognitive Science and Human Experience*，1991)一书中，瓦雷拉与合著者伊万·汤普森(Evan Thompson)、埃莉诺·罗施(Eleanor Rosch)延伸了这些观点，与细胞自动机(cellular automaton)(一种计算机模拟)和生物细胞认知的涌生进行比较(1991，150-52)。他们对*生成*(enaction)的定义与我的研究方法一致，承认认知产生于特定语境(即具身)下的互动。"我们提议使用*生成*(enactive)一词来强调一种日益增强的信念，即认知不是先在心智对先在世界的再现，而是一个世界和一个心智的生成，基于存在（being）在世界中表现出的多种行为的历史。生成这一方法严肃地建立在对一种观点的哲学批判上，即心智是自然的镜子这一说法，试图更进一步从科学的核心地带出发解决问题。"（1991，9）

在后续作品中，瓦雷拉不仅对计算机模拟产生兴趣，更致力于在模拟条件下创造自主能动者，这种方法被称为人工生命（Artificial Life）（Varela and Bourgine，1992）。多年前，该领域的先驱者认为生命是一种理论程序，可以在各种不同类型的平台上例示，不管是技术的还是生物的（von Neumann，1966；Langton，1995；Rosen，1991）。举个例子，为了证明技术系统可以被设计成实现生物功能的系统，约翰·冯·诺依曼提出"自我复制自动机（self-reproducing automata）"概念（1966）。在更近的例子中，约翰·康威的"生命"游戏（Gardner，1970）经常被解读成产生不同种类的物种，实现自我永生——只要电脑不出故障，或者电源不被切断。这些警告指向研究者们在论证生命能够存在于技术媒介时无法绕过的难关，即技术"生命"永远不可能实现完全的自主创造、维持和繁衍。有了这点后见之明，我认为尽管这个探索领域在创造争议和提出问题上实用有效，但它最终注定会失败，因为技术系统永远不可能获得生命。但它们完全*能够*具备认知能力。在我看来，它们与生物系统之间的共同之处，不应聚焦在"生命本身"（如罗施所述，1991），而应聚焦在认知本身。

我沿着一条探索多年的道路，在此提供一个能够将讨论扩展到技术认知和生物认知的定义。*认知是在语境中阐释信息，并将其与意义相连的过程（Cognition is a process that interprets information within contexts that connect it with meaning*）。对我来说，这个定义的基础是克劳德·香农（Claude Shannon）的信息理论（Shannon and Weaver，1948），他将重点从信息的语义基础转移到特定集合中的讯息（message）元素筛选，比如字母表中的字母。詹姆斯·格莱克（James Gleick）解释（2012），用这种方式思考信息卓有成效，因为它发展了定理和工程实践，它们远远超出自然语言的界限，包含广义的信息过程，包括二进制代码。但从人文学科视角看来，它有一个巨大的劣势。沃伦·韦弗（Warren Weaver）在他为香农的经典著作撰写的序言中强调（Shannon and Weaver，1948），这似乎将信息从意义中分割出来。因为追求意义一直都是人文学科的核心任务，这意味着信息理论对于人文考察的用处将十分有限。

我反思后认为，韦弗微妙但又极其重要地夸大了情况。香农熟知，选择的过程——他表达为一种概率函数——不会完全脱离讯息内容，相应的也不会脱离其意义。事实上，讯息元素跟随前一元素出现的条件概率，已经相当一部分取决于字母的分布和它们在给定语言中出现的相对频率。比如，在英语和罗马语族中，"q"之后出现"u"的概率几乎是100%，比"e"之后出现"d"的随机概率高，如此等等。香农（1993）将这一现象与英语（及其他语言）的冗余联系起来，在此基础上提出的理论成为信息压缩技术的关键，该技术至今仍在电话通信和其他通信传输中广泛应用。

但若要产生意义，信息选择过程中的约束条件并不足够。还需要其他的东西：语境（context）。很显然，不同情境下说出同一句话，可能产生截然不同的含义。关于香农的信息观和语境之间缺失的联系，我终于在理论物理学家爱德华·弗里德金（Edward Fredkin）的研讨会上找到了答案，他随口指出："信息的意义由阐释过程赋予。"（Hayles，2012，150）尽管弗里德金本人并不认为这个观点多么了不起，对我来说却是平地一声雷。它破开意义问题的大门，因为过程发生在语境中，而语境在不同的情景里也有截然不同的理解方式。它适用于人类之间的自然语言表达，也能很好地描述植物回应它们所吸收的化学物质中嵌入信息的信息过程，或是章鱼察觉到周围有潜在伴侣之后的行为，以及计算媒介中不同层级的代码交流。在另一种语境下，这一洞察也能与大脑处理感官信息的方式联系起来，其中参与的大脑部位不同，动作电位和神经活动模式也会以不同方式被人类体验（具体实例参见 chapter 21，"Sensory Coding，" in Kandel and Schwartz 2012，449-74）。①

信息的过程和质性观点与弗里德金的启发性洞见一脉相承（不同于香农发展出的定量理论），该观点在 20 世纪 60 年代由法国"机械学家"贝吉尔·西蒙冬（Gilbert Simondon）提出，作为他总体哲学（overarching philosophy）的一部分发表，侧重于过程而非形质论概念（形式和物质）。对西蒙冬来说，现实本身就是参与过程的倾向。对他而言，一个核心的隐喻是势能概念，总是从高状态流向低状态，从来不处于稳定的平衡态，只有过渡的亚稳态。他将这种流动称为"信息"，并认为它与意义内在相关（Simondon，1989；Scott，2014；Iliadis，2013；Terranova，2006）。类似于弗里德金的洞察，这种信息观不是讯息元素的数据分布，而是生物体嵌入环境时产生的具身过程的结果。在这重意义上，非意识认知用于识别模式的过程始终都在进行，模式

_____

① 这一参考我必须感谢芝加哥大学出版社的一位匿名读者 2。

被识别出来时会达到亚稳态,而当与神经回路之间的回响在时间上匹配时,这些模式会被传送到意识中并进一步得到强化。伴随阐释它们的意识和非意识语境的时刻变化,这些识别模式的过程总会受到新输入的影响并持续转变。用西蒙冬的话来说,从一种神经模式组织转变到另一种组织,可以被视为一种势能向另一种势能的转变。进入意识的信息早已被非意识认知赋予了意义(即在相关语境中得到阐释);当它在意识中再次呈现时,会更进一步获得意义。

我们将在第五章看到,语境内部的阐释也适用于技术装置中的非意识认知过程。医疗诊断系统、自动卫星图像识别、船舶导航系统、天气预报程序和许多其他具备无意识认知能力的设备,通过阐释模糊或冲突的信息得出结论,这些结论很少是完全确定的。类似情况也发生在人类的认知非意识。为了整合多种躯体标记,它也必须整合冲突和/或模糊的信息,形成的阐释才有可能传达给意识,再生成为情绪、感受和其他知觉,从而在此基础上发生更深入的阐释活动。

在自动化技术系统中,非意识认知越来越多地嵌入在复杂系统内部,其中各种类型的传感器与低层级阐释过程相关联,这些过程反过来与较高层级的系统整合,后者使用递归循环来发挥更复杂的认知活动,比如推理、培养倾向和作出决策并传送至执行器,由执行器在现实世界发挥功能。在关键意义上,这些多层级技术系统代表人类认知过程的外化。尽管它们行动的物质基础与生物身体中发挥类似作用的化学/电信号截然不同,但这两种过程的类型具有相似的信息结构。此外,技术系统的优势在于能够全天候不间断工作,这是任何生物身体都无法做到的,并且能用比人类快得多的速度处理海量信息。人类和技术系统的非意识认知存在相似性,这并不让人感到意外,因为人脑（工作中也会调用非意识认知）设计了技术系统。

解析认知

　　了解背景之后，让我们回过头来更加充分地解析我对认知的定义，毕竟它是之后论证的基础。*认知是一种过程*：这暗示认知不是一种属性——比如有时人们认为智慧是一种属性——而是在一种环境中的动态演变，它的活动可以给环境带来改变。举个例子，有一个电脑算法，将指令写在纸上，它本身并不具备认知性，只有当它在能够理解并执行指令集的平台上运行时，它才成为一个过程。*这阐释了信息*：阐释暗示着一种选择。要想进行阐释，必须存在一种以上的选项。在计算媒介中，选择可以像二选一问题的答案那样简单：0 或 1，是或否。其他例子包括 C＋＋程序语言中的"if"和"else"指令（"if"意味着一个步骤只在特定条件为真的情况下生效；"else"意味着如果不满足这些条件，则转入其他步骤）。此外，这些指令可能相互穿插，形成相当复杂的决策树。当然，这里的选择并非意味着"自由意志"，而是从可供选择的行动轨迹中得出的程序性决策，就像树木移动叶片以获得最大程度的光照，但这并不意味着自由意志，而只是实施了被写入基因编码的行为。

　　加图索·奥莱塔（Gennaro Auletta，2011）在《认知生物学》（*Cognitive Biology*）中写道："生物系统代表三大基础系统的整合，*任何信息获取的物理过程都涉及这三大系统：处理器、校准器和决策器*。"（200）在单细胞生物体中，"决策器"可能就是简单的脂质细胞膜，它"决定"化学物质的去留。对于更复杂的多细胞生物体——比如哺乳动物,和在联网可编程的媒介中,阐释的可能性逐步变得更加多层和开放。*在将它与意义联系起来的语境中*:这表示意义不是绝对的,它随着具体语境发生演变,其中认知过程完成的阐释会引发与当前情景相关的结果。值得注意的是,语境包含具身性。为防止误会,我想强调技术系统和生物生命形式的物质实体完全不同,后者不仅是具身的,而且嵌入在与技术系统相当不同的环境中。① 尽管存在这些差异,技术和生物系统都在与之相关的物质的/具身的/嵌入的语境中参与意义生产。对于人类思考这样的高层级认知过程来说,相关语境可能非常广阔且高度抽象,从决定一个数学证明是否有效,到反思人生是否有意义。对低层级认知过程来说,信息可能是太阳朝向树木和植物的角度、一大群鲦鱼躲避的捕食者位置,或射频识别(radio-frequency identification,简称 RFID)芯片对无线电波束的调制,包括用信息对它进行编码和弹回等等。在这个框架中,所有这些活动,以及成千上万

---

① 卡里·沃尔夫(Cary Wolfe)(误)认为我偏好离身的幻想。在我的《我们如何成为后人类》出版 11 年后,他出版了《什么是后人类主义?》(*What Is Posthumanism?*,2009),他在书中写道:"我意义上的后人类主义,并不享有 N. 凯瑟琳·海尔斯所描述的后人类幻想,她想象了对具身欢欣鼓舞的超越,以及'信息模式特权高于物质例证,因此具身于生物性底物被视为一次历史的意外,而非生命的必经之路'"(120)。在引用这段话时,沃尔夫没有提到,尽管我*描述*了这个观点,但目的恰恰是为了批评它(他在导言中更清楚地说明了这种区别[v])。沃尔夫接着上文继续写道,离身的幻想"要求我们更加具体地对待被称作'人类'的东西,更加关注具身性、嵌入性和物质性,以及它们如何与意识、思考等相互形塑",这段论述的作用是说明他关于具身的观点与我相反,但他完全把我的意思理解反了。确实,一些人告诉我,他们以这种方式(误)读了他的评价。在此澄清:沃尔夫和我都同意人类以具身为基础,嵌入在复杂的社会、文化和技术环境中。我们的不同之处在于对"后人类"这个术语的理解。我提出了一系列可以算作后人类主义立场的谱系,包括离身幻想这类我激烈反对的立场,而沃尔夫则想把"后人类"这个术语局限于形容具身状态,以此清除让他讨厌的部分,比如离身幻想。

种其他活动，都是认知过程。

这里带给我们的元启示是，人类无法规定什么样的语境和层级能够生产意义。举例而言，很多技术系统依靠传播信号进行工作，如无线电波、微波和其他电磁波谱中人类无法直接感知的波。对于赤手空拳的人类感官来说，这些在大气中穿梭的信号，既无法感知，也毫无意义，但对于在相关语境中运作的技术系统来说，它们充满意义。传统上，人文学科只关注人类主导语境下与人类相关的意义。本书发展的框架对这种倾向发起挑战，坚持认知过程发生在更广阔的可能性范围内，包括非人类的动物、植物和技术系统。此外，这些语境中产生的意义，不仅本来就具有重要思考价值，也对人类活动的结果产生重大影响，从热带雨林中树木的繁茂生长，到控制塔对范围内飞机发射的通信信号。这一框架强调，不同种类的意义以超越任何单一人类视角的方式交织在一起，不能仅仅为人类的兴趣所限制。随着我们理解中的认知范围进一步扩大，阐释和意义得以生成和演变的领域也随之扩大。正如本书的概念框架所指出的那样，这一切都算作意义生产，因此人文学科将对此产生潜在兴趣，社会科学与自然科学也是一样。

（人类）认知的三级框架

具体回到人类认知，为了发展这一观点，我将采用一种三层金字塔结构的三级框架（如图 1）。金字塔顶端是意识和无意识，二者共同构成知觉模式。如前文所述，"新"无意识研究将它视为一种广泛的环境扫描，在这一过程中，无意识捕捉到发生的事件，适当时传送给意识（Hassin, Uleman, and Bargh, 2005）。新无意识与弗洛伊德和拉康提

图 1 （人类）认知的三层金字塔框架

出的精神分析无意识有所不同，因为它能轻松持续地与意识交流。根据这一观点，精神分析无意识可以被认为是新无意识的子集，它的形成需要某种创伤介入，打断交流，将那部分理智与直达意识的通路隔离。尽管如此，精神分析无意识依旧能够通过精神分析阐释可描述的症状和梦境，向意识表达自身。由此，知觉模式表明意识和交流无意识的神经功能，形成了金字塔的最顶层。

金字塔的第二层是非意识认知，在我的另一篇文章中有详细说明（Hayles，2012）。和无意识不同，它的内在特性导致它无法抵达意识，尽管它的输出可以通过反响回路（reverberating circuit）传送到意识（Kouider and Dehaene，2007）。非意识认知将躯体标记——如化学和电信号——整合成连贯的身体表现（Damasio，2000；Edelman，1987）。它还能整合感官输入，这样可以保证它们与连贯的时空观保持一致（Eagleman，2012）。此外，它的上线速度比意识快很多，可以完成过于密集、精细和嘈杂的信息处理，这些是意识无法理解的。它能察觉意识无法探测的模式，并从中获得推理的依据；根据推理，它能预测未来事件；它还能以与其推理一致的方式影响行为（Lewicki，Hill，and Czyzewska，1992）。毫无疑问，人类的非意识认知是最早开始演化的，意识和无意识随后建立在非意识认知上。剥离意识叙述的虚构记忆，非意识认知更接近身体内部和外部世界实际发生的事情；在这一意义上，它比意识更接近现实。它构成了三级框架广阔的中间层。

更广阔的底层由物质过程构成。尽管这些过程本身不是认知性的，但它们是孕育所有认知行为的动态活动。区分认知与这些潜在过程最主要的特征是选择和决策，以及由此而来的阐释和意义的可能性。比如，一块冰山不能选择漂往阴影下的山谷，还是阳光普照的平原。相反，如奥莱塔所述："任何生物系统……都会创造可变性，作为面对环境挑战的反应，并试图将[这些]方面与自身整合。"（2011，200）总的来说，物质过程可以被理解为施加于它们的合力。临界现象是物质过程的一个特例，即使对原始状态施加多么微小的改变，系统的演变方式也有可能相应发生改变。即便在此，这些系统依旧是决定论的，尽管它们不再可预知。能够自我组织的物质过程的例子有很多，如贝洛索夫-扎鲍廷斯基（Belousov-Zhabotinsky，简称 BZ）的震荡非有机反应[①]。但这种极为不稳定的系统和生命体之间存在关键区别，后者可以选择、决策和阐释。奥莱塔指出，"生物系统绝非简单的耗散系统[②]，原因是它们能应对不断改变或非稳定的环境，从而存活（为了适应而改变）很长一段时间"（2011，200）。然而，当自然或人工限制将选

---

① 译者注：由俄国化学家别洛索夫和扎鲍廷斯基发现。用金属铈作催化剂，柠檬酸在酸性条件下被溴酸钾氧化时，可呈现化学振荡现象，即溶液在无色和淡黄色两种状态间进行规则的周期振荡。

② 译者注：耗散系统指远离热力学平衡状态的开放系统，此系统和外环境交换能量和物质以维持平衡。

择和能动性带入系统，物质过程也许能够用来执行认知功能（Lem，2014），比如通过复杂环境中多个独立能动者的互动。

尽管在金字塔形三级框架中，知觉模式占据最高层，看上去似乎比非意识认知和物质过程更有特权，但我其实是想通过金字塔各层的体量表达一种互相抗衡的力量。正因为处于最高层，知觉模式占有的体量最小，这种呈现与它们在人类精神生活中发挥的作用相一致。非意识认知体量较大，符合它负责协调大脑前额叶和其余身体部位神经功能的过程。物质过程体量庞大，符合它们作为全部认知活动之基础的角色。

尽管为了更清晰地阐述三级框架将人类过程分为三层，但实际上各层由系统内部复杂的递归循环连接，每一层内部各部分也彼此相连。每一层都在动态运转，时刻影响其他层级，因此整个系统也许更适宜被描述为一种动态的平序结构（heterarchy），而非线性的层级结构（hierarchy），该观点表现出系统在实时演变中富有活力且内部相连。因此，上述框架是一个初步估计。提出该框架，与其说是为了解决问题，不如说是为了促进边界问题进入人们视野，并激发关于这些层级之间如何相互作用的讨论。也就是说，它是讨论能动性问题和区分行动者（actors）和能动者（agents）的起点。

由于在这个框架中，认知与选择、意义和阐释不分彼此，它因此具备了物质过程所不具有的特殊功能，包括灵活性（flexibility）、适应性（adaptability）和演化性（evolvability）。灵活性意味着生物体或技术系统针对环境中不断变化的条件作出反应。飞向窗户的球不能改变自己的轨迹，但自动驾驶汽车为了避免事故，可以借助庞大的可能性资料库作出回应。如上文所示，某种程度上灵活性存在于一切有机生命中，即使是那些没有中央神经系统的生命。① 适应性意味着发展出针对环境条件作出回应的能力。例子包括动植物和人类在面临环境压力或机遇时，神经功能会改变，比如与数字媒介密集互动下人脑经历的神经变化（Hayles，2012）。演化性指改变决定反应库的程序、基因或技术的可能性。遗传和演化算法是技术系统具备这些可能性的典例（Koza，1992），因为计算机能够重新配置固件，重组逻辑门，以最高效率解决问题（Ling，2010）。生物的例子当然随处可见，达尔文和华莱士等生物学家早已证明这一点。重点是物质过程本身并不具备这些能力，尽管当它们作为扩展认知系统的支持力量参与其中时，可能有助于增强和扩大认知能力。

行动者和能动者

如今，谈论人类/非人类的二元对立十分入时，这种讨论常出现在想要强调非人类物种和物质力量的能动性和重要性的话语中（Bennett，2010；Grosz，2011；Braidotti，2013）。在我看来，这个二元对立有点奇怪。一端是 70 亿个体，属于智人物种；另一端是这颗星球上剩下的一切，包括世界上所有其他物种，以及从岩石到云彩的所有物体。不管使用者的意图为何，这个二元对立都在不经意间重新确立

---

① 因此，凯瑟琳·玛拉布（Catherine Malabou）认为人类神经学范畴内可塑性（plasticity）优于灵活性的观点过于狭隘，无法充分表达生物和技术媒介中的灵活性如何产生。就她的目的而言，显然可塑性更受青睐，因为灵活性正是新自由主义商业实践坚持全球商界竞争力的一大标志，这一策略常常用来粉饰工作不稳定问题，以及岗位和资本外包的有害影响；参见 Catherine Malabou, *What Should We Do with Our Brain?*, trans. Sebastian Rand (Bronx, N. Y., 2008).

了人类的优越性,将不成比例的分量施加给人类。一些生态运动理论家正在开发一套新词汇,通过提出"高于人类"(more-than-human)来部分纠正这种扭曲(Smith,2011),但其中依旧留存着人类世界与一切他者等同的意味。①

认识到二元对立便可以促进分析(尽管存在局限性),在此我提出用另一种区分方法取代人类/非人类:*认知体*和*非认知体*(*cognizers versus noncognizers*)。一端是人类和其他所有生物生命形态,以及许多技术系统;另一端则是物质过程和非生命体。这种区分至少在双方的相对权重方面,比人类/非人类构架更加平衡。我提出的这种二元划分(与所有二元划分一样),存在一些深意。具体说来,它把认知作为主要的分析范畴。怀疑者可能会反对,说它依旧巩固了人类特权,因为人类拥有比其他物种更高级、更广泛的认知能力。然而,这个二元对立属于更广阔的认知生态,它强调*所有*生命形式都具有认知能力,包括超越人类认知的能力(例如狗的嗅觉)。

此外,由于只有认知体才能作出选择和决策,因此在我们当前的环境危机和已经到来的第六次大规模灭绝中,它们能够发挥特殊作用。所有生命形式共享的动机之一,就是为生存而奋战。随着差异性的环境压力增大,从蠕虫到人类,各个层级的认知体都要作出选择,最大限度地增加生存机会。无可否认,具有较高认知能力的物种,可以在进行其他优先事项的同时满足生存动机——就像目前许多人类所做的那样。一个强调选择的分析范畴,可能有助于突出我们与其他认

---

① Mick Smith, *Against Ecological Sovereignty: Ethics, Biopolitics, and Saving the Natural World* (Minneapolis, 2011), 10.

知体的共同关心的事项，并更生动地提醒我们注意这样一个事实，即我们都在作出选择，这些选择很重要，不管是对个体还是集体而言。此外，认知赋予的能力——灵活性、适应性、演化性——意味着认知体在我们不断演化的行星生态中起到特殊作用。最后，这个框架揭示了在认知技术与生物生命形式（包括人类）所形成的系综当中，认知技术可以作为伦理行动者发挥作用的可能性。

另一方面，非认知体拥有的能动力量，可能让人类的一切成果相形见绌：想想雪崩、海啸、龙卷风、暴风雪、沙尘暴、飓风等等令人敬畏的力量。面对这些事件，人类完全缺乏控制它们的能力；最多只能逃跑。此外，由于物质过程是孕育和滋养生命的根本力量，是其他一切存在的基础，理应得到承认和尊重（Strang，2014）。它们无法自主完成选择和阐释。龙卷风无法在犁地和摧毁城镇之间作出选择。当然，物质过程对语境作出反应，并在反应中改变它们。但是由于它们缺乏选择的能力，因此只能扮演能动者，而不是行动者。行动者嵌入认知系综，并能产生伦理与道德含义。

我提议进一步转变术语，阐明物质过程和非意识认知体所扮演的不同角色。我建议对认知体采用*行动者*（actor）一词，对物质过程和物体采用*能动者*（agent）一词。后一范畴包括可作为认知支持的对象；它还包括在适当约束条件下被用于执行认知任务的物质力量，比如电压在计算媒介内部被转换成比特流（bit stream）。

在全球资本主义的推动下，技术认知系统发展出更高的自主性，它们在发达社会中越来越普遍。正如大卫·贝里（David Berry，2015）等人指出，没有人类就没有技术能动性，人类设计和建造系统，为它们提供电力和维护，并在它们被淘汰后丢弃处理。然而，技术系统自主运行的空间越来越大，数量越来越多。例子包括环境监测系统、监视和通信卫星、数字搜索引擎和语言学习系统等等。为了帮助理解这些系统日益增强的自主性，也许我们可以借助间断能动性（punctuated agency）的概念，类似于"间断平衡（punctuated equilibrium）"（Gould，2007）。和间断平衡一样，在间断能动性发挥作用的机制中，活动发生不均匀，人类能动性必不可少的时间较长，并且其中无直接人工干预、系统自行启动运行的间隔时间较短。

即使处于自动运行状态，技术认知的效果也不完全局限于技术系统内部。它们与人类复杂系统交互，影响人类和生物生命的方方面面。如此看来，即使认知体/非认知体的二元划分也力所不及，因为它未能捕捉人类和技术认知体，以及和非认知物体、物质力量之间强大又微妙的互动方式。水是一个很好的例子（Strang，2014）：它本身通过瀑布、雨、雪和冰等现象发挥能动性；进入生物体内后，它提供生命必不可少的体液；奔腾过涡轮时，它为计算机化水力发电系统的认知和高效运转添砖加瓦。为了更充分地表达这些相互作用的复杂性和普遍性，我们应该抵制那些要求划清边界、创造封闭范畴的构想。在我看来，更好的构想并非二元对立，而是互相渗透的，它们是持续、普遍的互动，在人类、非人类、认知体、非认知体及构成世界的物质过程之间、之中和之上流动。

为什么计算媒介不仅仅是另一种技术

在《科技想要什么》（*What Technology Wants*）一书中，凯文·凯利（Kevin Kelly，2010）指出，技术沿着他人类中心主义定义下的"欲望"

轨迹发展，欲望包括普遍性、多样性和密集性。正如引发争议的书名所示，他未能有力地解释人类能动性如何进入这一图景。不过书中有一处精彩洞见，改述如下：技术在复杂的生态中不断发展，它们遵循的轨迹能够使其在所处生态位中最大化自己的优势。比如 19 世纪中后期，照相技术出现后迅速占据景观描绘范畴，导致小说重新调整技巧，从 18 世纪末和 19 世纪初小说中流行的连篇累牍的景观描写，转变为意识流策略，这是摄影无法有效触及的领域。如辛西娅·桑德伯格·沃尔（Cynthia Sundberg Wall，2014，esp. chapters 1-3，2-95）所说，文学描写技法与视觉技术的文化矩阵交缠，包括显微镜、望远镜、地图和建筑架构图等。不同媒介形式之间的竞争、合作与模拟，是理解技术变化有力的分析对象（Fuller，2007；Hansen，2015；Gitelman，2014）。

如此看来，计算媒介拥有其他技术不具备的独特优势。它们不是对人类生活来说最重要的技术；人们可以辩驳水处理工厂和卫生设施更重要。它们也不是最具变革力的；这项殊荣可能应该颁给运输技术，从沙土路到喷气式飞机。但计算媒介的特殊之处在于，它们拥有比其他任何技术*更强大的演化潜力*，这种潜力来自它们各种功能中的认知能力，使它们能够模拟其他任何系统。

我们可以将此与人类物种进行对比。人类不是最庞大的生命形式；不是力量最强或者速度最快的。让他们得以在生态区位内占据地球统治地位的关键优势，正是卓越的认知能力。当然，我们早已度过以征服地球为第一要务并视之为绝对正义的培根式时代。在生态危机、全球变暖、物种灭绝等类似现象席卷而来的时代，随着人类世的降临，人类影响正在改变地质和行星历史，这正是人类对气候变化、栖息地保护等相关问题报以深切关注，并齐心协力采取政治行动的合理原因。

与计算媒介认知能力的类比表明,类似的全球影响轨迹正在技术环境中展开。在全球资本无情革新的推动下,计算媒介正在渗透其他所有技术种类,因为认知能力赋予了它们强大的演化优势,不光包括水处理工厂、运输技术,还有家用电器、手表、眼镜和其他种种,计算媒介赋予一切技术"智能",这正在迅速改变世界各地的技术基础设施。于是,不包含计算组件的技术变得越来越罕见。因此,计算媒介不仅仅只是另一种技术。它们是典型的认知技术,因此与典型的认知物种——智人——有着特殊关系。

注意不要将这一立场与技术决定论混淆。根据雷蒙德·威廉姆斯(Raymond Williams)敏锐的观察,这种演化潜力在复杂的社会环境中运行,其中许多因素共同作用,可能产生许多结果:"我们不能把决定(determination)看成单一的力量,或力量的单一抽象表达,而应把它看作一种过程,其中真正的决定性因素——权力或资本的分配,社会和实物继承,群体之间规模和大小的关系——设置限制并施加压力,但这些因素既不完全控制,也不完全预测复杂活动的结果,不论它们在限制范围之内或之上,还是在承受或反抗这些压力。"(Williams 2003,13)事实上,人们可以争辩说,技术系统的认知成分越大,其具体发展就越不可预测,这正是由于认知赋予它们的性质,即灵活性、适应性和演化性。随着全球资本不断在方法上创新,将计算媒介注入其他技术,它们指数级增长所产生的电子垃圾日益毒害环境,最终不成比例地流入贫穷、弱势和资金不足的国家。鉴于技术媒介的认知能力是在付出文化、社会、政治和环境方面的巨大代价后才得以实现,因此我们再也不能回避生产和使用这些媒介时所涉及的伦理和道德内涵。

技术认知与伦理

正如我们所见，我框架内的*选择*与伦理理论中的"选择"含义不同，后者与自由意志相联系。哪些伦理方法适用于前者，即我命名为CHOICEII（信息阐释选择，II 为 interpretation of information 的缩写）的选择，而非 CHOICEFW（自由意志选择，FW 为 free will 的缩写）？布鲁诺·拉图尔（Bruno Latour，1992）曾谈到这个问题，他认为伦理行动者的"缺失质量"（missing masses，类比物理学家用于解释宇宙膨胀的缺失质量/能量）就是技术人造物："它们就在这里，那些构成我们道德的、被隐藏和鄙夷的社会质量。"（1992，227）拉图尔以安全带和液压传动门闭合器为例，指出技术人造物鼓励人的道德行为（恼人的报警音提醒司机系好安全带），并能影响人类习惯（加速带影响司机不在学区内加速）（2002）。在这些示例中，技术物件要么是被动的，要么只具有最低程度的认知。然而，即使在最无足轻重的层面上，技术产物都能作为"中介物"影响人类行为，更不用说它们经常与背景融为一体，只在无意识中被察觉（Latour，1992，2002；Verbeek，2011）。

当人造物具备更高层级的认知时，它们能以更加显著和可见的方式介入。彼得-保罗·维尔贝克（Peter-Paul Verbeek）发展出一种哲学思考基础，将技术系统视为道德行动者，提出如何以道德为目的设计技术（2011，135）。举例而言（我的例子），Fitbit 手环通过检测心率、追踪运动轨迹、提示卡路里消耗、测量跑步距离和台阶数来鼓励人们健康生活。如拉图尔所说，这些设备绝不强制人们服从，因为人们总有办法抵制行为意图。但这些设备具有积累（和扩大）效果，能显著影响人们的社交行为和无意识行动。

维尔贝克接续拉图尔将技术系统视为"中介物"的观点,他更进一步提出,技术不仅带来全新的道德问题,比如妇产超声波(假如发现孕妇腹中是畸形儿或——更让人痛苦的——畸形的女性胎儿,那么是否要堕胎),更以新方式重构了人类实体(胎儿成为可被医生观测的医学对象)。维尔贝克认为,在人类与技术行动者错综复杂的网络中,人类和技术分享道德能动性,以及潜在的道德责任:"道德能动性分布于人类和非人类之间;道德行为和决策是人类-技术结合的产物。"(Verbeek,2011,53)[1]

和维尔贝克一样,拉图尔强调技术创新的意外效果,认为技术系统几乎总是修改和转变最初设计的初衷,开启全新可能性,并且在这一过程中,手段与目的纠缠在一起,以至于不能再被视作两个独立范畴。[2] 当然,这一观点的主旨在于否定技术人造物只是人类为达到目的而开发的工具。众多案例证明,为达到某一目的而发明的技术,会被挪用为别的目的服务,比如一开始为盲人发明的打字机,以及最初用来方便科研人员交流成果的互联网。

尽管拉图尔和维尔贝克提供了宝贵的引导,但在我看来他们的观点还不够深入。一些技术能够进行重要决策——比如全自动无人机——仅仅称其为"中介物"似乎还不够,因为它们在造成伦理道德后

---

[1] 这一点上与洛伦佐·马格纳尼(Lorenzo Magnani)的《技术世界的道德:作为责任的知识》(*Morality in a Technological World:Knowledge as Duty*)相类似,维尔贝克的方法不像马格纳尼使用的"道德行为模板(templates of moral doing)"(2007,103),而是对技术在人类参与的特定语境中产生的意外使用和后果抱有更加开放的态度。

[2] 参见 Bruno Latour (2002),"Morality and Technology."

果的情况下作为行动者发挥作用。人们可能会像维尔贝克一样争辩，分布的能动性意味着分布的责任，但这也可能导致技术人造物需要为执行程序指定的行动而承担责任。这是一种错位的伦理审判，类似于中世纪的动物审判，幼鸽因为在教堂中鸣叫而被处死，吃掉圣餐的猪被处以绞刑。

就伦理理论而言，它们常常带有强烈的人类中心主义色彩，关注人类个体作为责任能动者和施加道德标准的对象，这可以体现在伊曼纽尔·列维纳斯（Emmanuel Levinas）对他者之面的复杂阐释中（1998）。尽管一些理论将伦理延伸到动物［比如汤姆·罗根（Tom Regan, 2004），认为哺乳动物超过一定年纪就可被视为生命主体，因此拥有伦理权利］，但很少有人论及技术认知体作为有责任技术行动者的身份。拉图尔指出人类—技术系综是拥有变革能力的实体，并会影响目的和手段，这显然是正确的；但他没有详细介绍该如何评估这些系综的伦理影响。引用拉图尔的例子，如果在枪击案中，枪和人都不是责任主体，枪—人集体才是（Latour, 1999, 193），那么无人机—驾驶员组合显然比两者中任一部分都要具备更强大的力量。

要评估这类系综，我们应将道德判断的焦点从个体和自由意识选择转向信息阐释选择，以及系综作为整体发挥作用的结果。杰里米·边沁（Jeremy Bentham）曾作出类似的判断，他写道："一个行为总体的倾向，或多或少因为其造成结果的总和而具有一定危害，也就是好结果之和与坏结果之和的差值。"［(1780)PDF，43］我们不必接纳功利主义的所有原则，将它视为可以充分评估认知系综中技术行动者作用的框架。无人机驾驶员不能仅仅因为杀死其他人就被认定是邪恶的；无人机更是如此。相反，他们在结构化的情境中行动，其中包括战略指挥官、律师、总统工作人员等，这些共同形成了系综，其中的技术行动者与人类一同发挥构成和变革作用。因此，结果应当受到*系统性的*评估，并非所有重要行动者都是人类，该观点将在第二部分更详细地论证。此外，无人机系综是大规模冲突的一部分，其中包含自杀式炸弹袭击、自制炸弹（IEDs）、军事入侵、叛军抵抗和其他因素。这些冲突中的认知系综，因采用的技术种类和参与其中的人类的行为方式，而拥有不同的力量。系综带来的结果进一步与既存话语和道德理论展开动态互动，不断改变对立利益、主权投资、个人决策、技术负担能力等因素的组合。想要衡量道德伦理后果，如果从个体人类的行动出发，仅关注自由意识选择，将不足以评估所涉及的复杂性。第二部分会更充分讨论这一问题，我们需要框架来探索技术如何与为阐述伦理道德而制定的术语发生交互，并改变它们。

通过比较佐治亚理工学院荣誉教授罗纳德·C. 阿尔金（Ronald C. Arkin）对机器人兵器设计的合理化解释，与格雷吉尔·沙马尤（Grégoire Chamayou）的无人机理论，我们可以一窥个人中心框架的不足之处。阿尔金获得国防先进研究计划局（Defense Advanced Research Projects，简称 DARPA）的资助，开发战场用全自动机器战士，他认为机器人与人类士兵相比拥有道德优势，因为它们的内置程序禁止实施暴行，同时免受情绪压力和随之而来的错误决定，并能完成更精准的杀伤，使连带伤害最小化（Arkin，2010，332-41）。批评者从多方面反对这些主张；其中最具说服力的反对观点指出，一旦投入使用机器士兵，它们会比人类士兵更广泛且无差别地参与战争，因为把部队"置于危险中"的可能性对军队和政治领导人来说是一种明显的制约。

我们需要比阿尔金更广阔的阐释框架来评估机器人道德。撇开机器人程序能否真正符合国际战争公约这一问题不谈(以及这些公约能否真正使战争更"道德",第二部分将探索这一问题),我注意到他使用相同的语言来描述机器人和人类个体(但前者拥有更强大的传感器和决策能力),而不是将其视为嵌入复杂人类—技术系综中的技术系统。

格雷吉尔·沙马尤(2015)在考察无人机飞行员的具体参战规则时更加敏锐,这些规则转变和重新阐释了传统的战争行为标准,从而容纳了飞行员的行动。例如,他指出传统战争叙述明显地区分了士兵和暗杀者。前者被认为是光荣的,因为他们踏上战场,确定敌方参战者,同时将自己的身体暴露于危险之中。而暗杀者则是懦弱的,因为他们可能会攻击非参战者,且自己不必须承担风险。按照这一标准,无人机飞行员可能被算作暗杀者而非战士。为了缓和这种紧张,美国军方强调无人机飞行员可能患有创伤后应激障碍,从这个意义上说,他们也会承担风险。尽管沙马尤有自己的议程,且经常发表片面的评价(如第二部分所述),他的分析却表明,人类—技术系综的后果不仅包括行动的直接结果,还包括对话语、正当性解释和伦理标准的深远变革,这种变革试图将这些行动整合到现有的评估框架中。

技术系统的认知能力越强,与它们相关的结果和变革就越深远。无人机案例的争议性尤其强烈,但实行信息阐释选择的技术认知系统就在我们身边,并且主要在公众的监督下运行,比如专家医疗系统、自动交易算法、传感和执行交通网络,以及各种各样的监控技术,这还只是冰山一角。为了分析和评估它们的影响,我们需要强有力的框架,将技术认知作为事实看待,打破仅将(人类)意识定义为认知的悠久传统。我们还需要更准确地描述人类认知生态的工作原理，包括其与技术认知的差异和相似之处。最后，我们需要清楚地理解认知体和物质过程的区别，包括关于认知的定义，使得其准入门槛较低，而又能同时容纳人类、非人类生命形式和技术系统的复杂认知。加在一起，这些创新促进了一场范式转变，包括我们该如何思考人类认知与行星认知生态之间的关系，如何分析人类—技术系综的运作与伦理含义，以及如何想象人文学科在评估这些影响方面能够且应该发挥的作用。

作为总结，让我谈谈人文批评在其中的角色。如果广义上的思考与意识相关，那么批评更是如此。有人可能提出反对，挑战认知过程中理性的中心地位，就是破坏批评的本质。但单凭意识并不能解释人文学者们为何选择某一批评对象而非其他的原因，也不能解释为何人文学者使用某种具身和嵌入的资源来支撑他们对当下问题的修辞、政治和文化分析。在没有充分意识到这一点的情况下，人文学者总是诉诸人类认知生态的全部资源（如图 1），无论是对于他们自身还是在对话者之间。意识到这些互动的复杂性并不会使批评无效；相反，它向批评开启了更具包容性、更强大的资源，来分析我们当下面临的形势，包括但不限于人类和技术认知系统之间的交缠与互渗。这正是认知非意识对当今人文学科的重要性和挑战之所在。

第二章　非意识认知和意识的相互作用

　　第一章探讨了各种生命形式的认知,本章则重点关注非意识认知与意识的关系,特别是对人类而言。本章探索认知科学、人类神经学及相关领域对意识的最新评估,对非意识认知所发挥的重要作用进行综述。本章讨论了各种理论,它们涉及非意识认知与意识相关的处理过程,实现非意识过程将直觉反馈给有意识知觉的机制,以及时间性在这些机制中发挥的重要作用。本章结论部分提出,认识到非意识认知的重要性将如何反哺当下关于意识的争论。本章也讨论了非意识过程如何在非西方传统中体现,尤其是冥想和正念技巧,以及思辨实在论等哲学运动如何与此处提出的框架重叠和背离。

意识的代价

　　如第一章所述,我们可以区分核心意识或主要意识、高阶意识或次阶意识,前者在哺乳动物和其他生命形式中广泛存在,后者为人类和部分灵长类动物所独有。根据当代德国哲学家托马斯·梅辛格(Thomas Metzinger)的论述(2004,107-305),核心意识创造出一种关于自身的心理模型,他称之为"现象自我模型"(Phenomenal Self-Model,简称 PSM,107);核心意识还创造出它与他者关系的模型,即"意向关系的现象模型"(Phenomenal Model of the Intentionality Relation,简称 PMIR,301-05)。两种模型都不能脱离意识而存在,因为它们需要关于过去事件的记忆和关于未来事件的预测。从这些模型中,生发出单一自我的经验,这是一种在时间上持续的"我"的感觉,拥有或多或少连续的身份认同。PMIR 允许自我在语境内与他者共同运转,并与他者建构意向关系。

梅辛格认为,自我意识是一种幻觉,PMS 和 PMIR 模型的建造对自我来说是透明的(即自我不会将它们视为模型,而是将它们视作真实存在的实体)。这让梅辛格得出结论,"没人曾经是,或曾经拥有过自我"(1)。事实上,通过将自我视为一种伴随发生的现象,他将自我的现象体验还原为根本物质过程。在我看来,我们不需要接受他将自我视为幻觉的观点,但也可以利用 PSM 和 PMIR 来解释自我意识的演化和运转。意识哲学家欧文·弗拉纳根(Owen Flanagan)在威廉·詹姆斯(William James)之后,追溯一条类似的推理脉络:"自我是一种建构,一种模型,一种产物,构想了我们以某种方式有机联系着的精神生活。"(Flanagan,1993,177)谁在思考我们与自我有关的思考?根据弗拉纳根(和詹姆斯)的说法,这些思考自己在进行思考,各自携带此前思考的记忆、感觉和结论,并将之传递给后继思考。

安东尼奥·达马西奥(2000)持有类似观点,他认为自我是孩子在成长过程中通过经历、情感和感受所创造出的建构,而不是一种本质的属性或所有物。然而,达马西奥也认为自我会演化,因为它具有功能性目的,即创造对保护和幸福的关切,促进有机生命的行动,从而保证"个体生命的重要性得到应有的关注"(303)。弗拉纳根赞同这一点:意识和自我认识具有功能,包括提供结算中心一样的服务,让过去的经历变为回忆,通过比较记忆获得投射和结果,从而生成未来预期。在丹尼尔·丹尼特(Daniel Dennett)的隐喻中(1992,139-70),意识和它驱动的活跃记忆构成"工作空间"(workspace,之后还会多次提到),其中过去、现在和未来并置一处,形成有意义的序列(256-66)。

因此,在核心意识层面,意义可以被理解为 PMS 和 PMIR 之间相互作用的结果——即在自我模型和自我建构的他者模型之间存在"意图指向"(intention toward)。达马西奥的表述更为有力:*没有对他者的知觉和与他者的交流,就没有自我*(2000,194,笔者强调)。因此,自我需要核心意识,从而构建 PMS 和 PMIR;没有意识,自我就不能存在。在人类(和一些灵长类动物)中,核心自我被能够进行元级推理的高阶意识包裹,包括深入探索的意义。通过意识到并且反思作为自我的自我,高阶意识更能体现自我意识。高阶意识产生阐释自我行动的言语独白,有一种唯我独尊的倾向,使其适应意识整体甚至认知,这一点在第四章会更详细解释。约翰·比克(John Bickle)在讨论他所说的复杂实践推理(Elaborate Practical Reasoning)时,细致地总结了上述情况。"[这些叙述]创造和表达了怎样的自我? 很显然,它们创造和表达了一种因果上有效的自我形象:这是自我的一部分,不仅受到重要认知、意识和行为事件的因果控制,同时意识到控制的施加。"(Bickle,2003,199)但就如他所说,这种控制感在很大程度上是幻觉。

"创造并维持自我的内在叙述,与其他神经区域的信息处理过程相比是无能的……[这个]语言系统总结然后播报大脑认知处理网络高度编辑后的输出片段。"(201)

尽管如此,这种编辑还是具备强大的适应性目的,因为它创造和维持了连贯的世界图景。如杰拉尔德·埃德尔曼(Gerald Edelman)和朱利奥·托诺尼(Giulio Tononi)所说:"许多神经心理学障碍证明,意识可以扭曲、退化,有时甚至会分裂,当它不允许连贯性的断裂。"(Elderman and Tononi,2000,27)我们可以轻易看到这种特性的优势。创造连贯性,可以让自我塑造可靠的因果互动模型,作出合理预期,填补现象经验呈现的缺损和断裂。如果一辆小轿车暂时被卡车挡住,然后重新出现,意识通常不需要集中注意力就能将其识别为同一辆车。

这些优势不可避免地招致了代价,毕竟为了确保连贯性,意识会频繁地错误呈现一些异常或奇怪的情况。大量认知心理学实验证明了这一事实(更不用论及舞台魔术的全部历史)。在一个目前比较知名的实验场景中,向研究者展示球员们传递篮球的视频,并要求他们追踪传球轨迹。途中,一个穿大猩猩服的人走过球场区域,但绝大多数被试者报告并没看到奇怪的东西(Simons and Chabis,2011,8;Simons and Chabis,1999)。在另一个预设场景中,一个人拦住路人问路(Simons and Chabis,2011,59),对话期间,两名扛着竖直木板的工人从他们之间穿过,视野暂时被遮挡,工人经过后,对话者已替换为另一人(他躲藏在木板后面走过来),但大多数被试者并没有注意到异常。尽管意识坚持连贯性的趋势有所帮助,但这些实验证明其代价之一就是屏蔽高度异常的事件。在不为人所知觉的情况下,意识编辑事件并使之符合惯常期待，这种功能使目击证词极不可靠。甚至在最普通的情景里，意识也总是或多或少地编造现实，将世界调和成我们期待的样子，屏蔽这个世界带给我们的无限惊喜。

第二个代价在于，相比感知，意识的反应速度较慢。本雅明·李贝特（Benjamin Libet）和他同事们的实验表明（Libet and Kosslyn，2005，50-55），被试者决定举起手臂之前，他们的肌肉已经开始行动。虽然丹尼尔·丹尼特对李贝特的实验设计持批判态度（Dennett，1992），但他同意意识反应稍晚，比感知慢几百毫秒，即所谓"缺失的半秒"。尽管这一代价在多数语境下可以忽略不计，但就像马克·汉森（Mark Hansen）在《前馈：21 世纪媒介的未来》（*Feed-Forward: On the Future of Twenty-First-Century Media*，2015）一书中指出，认知无意识技术装置能够在人类无法涉足的时间体制下运行，并利用这半秒优势让人类付出代价。本书第六章将以自动交易算法为例，充分探索时间性在人与技术认知互动中的含义。

最后的代价难以估算，那就是拥有能够自我知觉的自我，并倾向于使那个自我成为每个场景中的主要行动者。达马西奥评论："就目前的设计而言，意识将关于世界的想象首先局限于一个个体，一个个体生物体，一个广义上的自我。"（Damasio，2000，300）如果没有意识，或者更确切地说，没有高阶意识创造的具象化自我印象，便不会产生臭名昭著的人类中心主义偏见。正是这种让我们意识到作为自我的自我这种能力，让我们一叶障目，看不见我们身边的生物、社会和技术系统的复杂性，使我们自认为是最重要的行动者，自认为能够控制我们的行动和其他能动者行动的后果。从气候变化、海洋酸化，再到温室效应，我们越来越意识到自身的局限。

意识和认知非意识的相关神经区

安东尼·达马西奥和杰拉尔德·埃德尔曼是两位杰出的神经生物学家，二人的研究项目是互补的。达马西奥从大脑宏观结构开始向下研究，埃德尔曼则从脑神经元开始向上研究。结合二者的研究，便能有力地呈现出核心意识如何与认知非意识相关联。达马西奥的研究尤其有影响力，他破译了人类和灵长类动物大脑如何通过"躯体标记"来了解身体状态，"躯体标记"指从血液中化学物质浓度和神经形成电信号中涌生的身体指标（Damasio，2000）。从某种意义上说，这是一个比大脑如何与外界互动更容易解决的问题，因为身体状态通常在与生命一致的狭窄参数范围内波动；一旦超出范围，生物体就面临生病或死亡的风险。躯体标记向大脑中枢传输信息，从而触发事件，比如情绪——与躯体标记对应的身体状态——和感受，形成反映饥饿、疲倦、口渴或恐惧等感觉的心理经验。

在大脑记录这些标记的区域，生成了达马西奥所说的元自我（proto-self），"一种相互联系、暂时连贯的神经模式集成，在大脑多个层级时刻反映生物体的状态"（Damasio，2000，174）。达马西奥强调，元自我是存在的例证，但不能证明意识或知识；它对应我所说的认知非意识。在我看来，它的行动可以被称为认知性的，因为它具有"意图指向"，即身体状态的呈现。此外，元自我根植在具有适应性和递归性的高度复杂系统中。当生物体遭遇一个物体，达马西奥称之为"待理解事项"（something-to-be-known），该物体"也会被大脑绘制出来，由生物体和物体之间的互动激活大脑感官和运动结构"（2000，169）。这反过来又会引起生物体相关图谱的修改，然后产生核心意识，这是一种递归循环，它也能在次级互动中进行绘制，继而产生延伸意识。达马西奥坚持，不论什么形式的意识，产生条件只有一种，那就是"当物体、生物体，以及它们的关系能被再呈现（re-represented）时"（Damasio，2000，160）。很显然，为了被再呈现，它们首先必须被呈现（represented），这次绘制产生了元自我，且发生在元自我内部。因此，元自我是躯体标记被整合到身体图谱中的层级，因此在意识和神经化学信号的基础物质过程之间发挥中介作用。

诺贝尔奖获得者、神经学家杰拉尔德·埃德尔曼和他的同事朱利奥·托诺尼为这一意识生成方式的假设提供了支持（Edelman and Tononi，2000）。他们的分析显示，一组神经元若想为意识内容作出贡献，必须形成分布式神经元功能集群，这些神经元与彼此和丘脑皮层系统相连接，在几百毫秒内完成高度互动。此外，集群内的神经元必须高度分化，这样才能带来高度复杂性（Edelman and Tononi，2000，146）。

为了给这些结论提供语境，我们可以简要回顾埃德尔曼的神经元群体选择理论（Theory of Neuronal Group Selection，简称 TNGS），他将其称为"神经达尔文主义"（Edelman，1987）。该理论的基本观点是，如果神经元功能集群能有效处理相关感官输入，便可以继续发展；那些效率较低的集群会缩小并逐渐消亡。除了神经元集群，埃德尔曼（和达马西奥一样）提出大脑会发展出图谱，例如神经集群绘制视网膜输入的图谱。神经群通过递归"重入连接"（Edelman，1987，45-50. Esp. 45）与彼此相连，信息流从一个集群流动到另一个，在海量平行连接中往返。图谱通过类似流动彼此连接，并与神经元集群互相连接。

为了评估功能神经元集群的复杂度,埃德尔曼和托诺尼开发出名为"功能集群指数"(Cluster Index,简称 CI)的工具(2000,122-123)。这一概念能够准确测量集群中神经元的互动较之于其他大脑活跃神经元的相对强度。若 CI=1,则说明神经元在集群内部的活跃度与其在集群外的活跃度相同。构成意识的功能集群数值远大于 1,表明它们的内部互动性很强,但与当时其他活跃的神经元互动较弱。

在神经冲动构成的混乱风暴中,集群之间的连贯性调动大脑不同部位的神经元,创造连贯的身体状态图谱,这些图谱合并为埃德尔曼所说的"场景"(scenes),场景又反过来合并为他所说的原始意识(达马西奥称之为核心意识)。埃德尔曼在达马西奥的基础上,补充了神经元机制和动态通过基础神经元和神经元集群构成元自我,以及通过绘制生物身体状态呈现和其与物体关系呈现的递归互动而形成图谱,从而建立场景的过程。

值得强调的是,连续的、交互的因果关系在达马西奥和埃德尔曼的叙述中均占据核心地位。30 多年前,亨博托·马特若那和弗朗西斯科·瓦雷拉(1980)曾凭直觉指出,递归是认知的核心。今天,这一假设已经通过较之当时大大进步的成像技术、微电极研究和其他当代研究实践得到验证和拓展。

意识中的模拟与再呈现

现在让我们转移到再呈现(re-representation)的发生过程。回想一下达马西奥有力的主张,没有再呈现就没有意识,呈现显然是元自我的一项主要功能,它是认知非意识和将信息传递到核心意识和高阶意识过程的发生场所。这些呈现构成了再呈现形成的基础。劳伦斯·巴萨罗在一篇十分有影响力的文章中提出了"基础认知"（grounded cognition）理论，有力地陈述了再呈现如何发生在他所谓的"模拟"（simulation）过程中，即"在世界、身体和心灵体验中获得的感知、肌肉运动和内省状态的再演（re-enactment）"（Barsalou，2008，618）。

具体而言，当与这些体验相关的概念被知觉模式——尤其是交流无意识——理解和处理时，就会生成感官经验的模拟。巴萨罗整理出一连串实验证据，显示这些精神再演是认知处理的组成部分，甚至包括与高阶意识构想的高度抽象概念相关的思考。基础认知理论"反映的假设表明，认知的生成基础通常有多种方式，包括模拟、情景行动（situated action），有时还包括身体状态"（Barsalou，2008，619）。比如，注意到杯子的把手时，"会触发抓握和功能性行动的模拟"，这一点已被 fMRI（即功能磁共振成像）扫描证实。当被试者看到别人的行动时，模拟机制也会被激发；"要准确地估算另一能动者举起的物品重量，需要自己的肌肉运动和体感系统模拟举重动作"（Barsalou，2008，624）。为了辨识自己演奏的录音，钢琴家必须"模拟演奏时的肌肉运动"（2008，624）。

镜像神经元的发现，将模拟这一概念扩展到社交互动，包括领会他人意图的能力。巴萨罗指出："镜像神经元……对行动目的的反应最为强烈，而不是对行动本身。因此，镜像回路帮助观察者推断另一行动者的意图，而不仅仅辨别行动。"（623）V. S. 拉马钱德兰（V. S. Ramachandran）在《告密的大脑：神经学家对何以为人的探索》（*The Tell-Tale Brain：A Neuroscientist's Quest for What Makes Us Human*，2011）一书中，强调镜像神经元在共情和意图阐释中发挥的

作用:"每当你想要针对某人的举动作出判断,都必须在脑内对相应行动进行一次虚拟—现实的模拟。"(123)

　　也许最令人惊讶的是,这种模拟对于把握抽象概念也十分必要,这表明与高阶意识相关的思考与身体状态和行动的回忆和再演深度相关。模拟在高层级思考中的重要性显示,生物系统已经演化出再呈现感官和身体状态的机制,不仅为了将它们传达给知觉模式,更是为与之相关的思考提供支持和基础。"基础认知"观点认为,大脑权衡身体状态,为经验添加情绪和情动"标签",将它们储存在记忆中,当类似经历出现时,再以模拟的形式重新激活。因此,这样看来,大脑不是主要通过操作抽象符号实现概念化(认知主义范式),而是通过它在世界中具身和嵌入的行动来进行概念化,如第一章讨论的努纳兹和弗里曼(1999),及瓦雷拉、汤姆森和罗施(1992)等人所述。这种观点带来的结果之一是对大脑个体发生学能力的强调,它与环境的互动重构了突触网络(Hayles,2012;Clark,2008;Hutchins,1996)。现在,我们应当感激达马西奥对再呈现的强调,因为模拟在元自我与意识之间的交流过程中起到关键作用,甚至为高度抽象的思考赋予身体状态的表达。

认知非意识中信息处理的重要性

　　人类非意识认知的经验工作主要集中于视觉遮蔽。可以通过无法有意识看到的快速闪动刺激来实现,或者将被试者暴露在一些视觉规律中,刺激目标"隐藏"在复杂的干扰符号中。在对这些实验的批判性回顾中,席德·科德(Sid Kouider)和斯坦尼斯拉斯·迪昂(Stanislas

Dehaene)(2007)绘制出认知心理学中不断变化的反应,他们认为潜意识刺激可以被非意识地处理,继而以多种方式影响后续意识感知。这种实验最早可以追溯到 19 世纪,直到 20 世纪仍然持续吸引研究者兴趣,实验活动在 20 世纪六七十年代达到顶峰。然而之后的观察发现,很多世纪中叶的实验在方法论上存在缺陷,主要因为它们没有严格证明刺激目标实际上没有经历有意识的感知。这促进了实验设计的进步,到了 21 世纪,20 世纪 80 年代的怀疑论转向共识,人们意识到非意识认知确实发生,并在多个层面上影响行为,包括肌肉运动、词汇、拼写,甚至语义回应。然而,人们对非意识认知的重要程度及其与意识的互动方式仍然持有不同态度。

帕维尔·勒维克(Pawel Lewicki)、托马斯·希尔(Thomas Hill)和玛丽亚·齐泽夫斯卡(Maria Czyzewska)(1992)在一篇综述论文中概述了认知心理学、认知科学和其他与非意识认知的功能结构相关的学科领域,代表了积极一方的态度。他们引用实证结果表明,除了模式识别之外,非意识认知还能执行复杂的信息处理,包括推理、创建元算法,以及建立美学和社会偏好。考虑到意识比非意识过程慢得多,他们指出“非意识的信息获取过程在速度上无与伦比,其结构也更为复杂”(796)。的确,他们假设非意识认知获取信息的能力“是一种几乎涵盖当代全部认知心理学的普遍性元理论假设”(796),因为实验员一般认为被试者无法说出他们如何获取知识,尽管行为表明学习过程的发生。也许有人会认为,这不仅仅是表述隐性知识的问题,而是被试者“不仅不知道他们如何做到那些事情,而且对[他们]做了什么一无所知”(796)。这种无知反映了意识“根本上无法访问”非意识的“算法和启发”(796),即便这种非意识过程对“每一次感知来说必不可少,即便是最简单的感知"。简单而言,非意识认知对高阶认知来说绝对不可或缺,它构成了"人类认知系统的基础"(796)。

广泛的实验结果支撑这些主张,证明模式可以被非意识识别。当要求受试者有意识地进行同一项学习任务,他们往往难以完成,或完成得比运用非意识认知时要差。比如,在一次实验中,受试者需要在一串干扰符号中定位目标字符(有一次是数字 6)。实验员发现,如果目标和某个微妙的背景模式之间存在持续联系,受试者就能注意到其中的联系并从中学习,具体表现为越来越好的表现和越来越快的反应时间(796)。此外,即使他们进步的表现取决于这种学习,他们也无法在有意识的情况下发现这一规律。一次实验中,大学生们找出"隐藏"规律即可获得 100 美元奖励;尽管有些参与者"花费几个小时寻找线索……依旧无人能够摸到试验设计"(798)。这和其他一些实验结果一样,证实了意识无法访问认知非意识,再多反省思考也无法改变。

在一个有趣的变体实验中,实验对象"足够聪明,能汇报任何潜在的反思经验",也就是心理系的教授们(797)。首先,他们依靠非意识学习了"一组编码算法,能够帮助他们更高效地"发现目标,这表现为搜索任务中更迅速地识别。然后改变协变规律(彼此相关的变量),他们的表现如预期般变差。实验前已告知受试者,实验与非意识认知有关,但不管他们多努力地分辨试验的运作方式,也"无人能够摸到试验设计"(797)。相反,他们推测自己表现变差的原因,是受到屏幕上闪现的潜意识刺激的干扰(798)。

作者们在结论中发问,非意识认知是否可被认为是智能。不出所料,他们说这取决于智能的定义。如果智能意味着"拥有自己的目标……并能够触发特定行动追求目标",则答案为否(800)。但若智能

"指'具备有效处理复杂信息的能力'"，则答案为是（801）。这一结论的重要性指向多个方面。在一重意义上，它强调了"智能"和"认知"之间的区别。智能被普遍认为是一种可被定量、测量、判别有无的*特质*（attribute），而认知则表示一种*过程*，例示某种动态机制和结构规律。这意味着认知本身是动态的，会不断变化，而不是内在于生命构成的持久特质。之后我们将看到，这一含义与人们对信息和信息处理的总体看法有关。

在另一重意义上，他们的结论强调了目标驱动型行为和信息处理过程的区别。但这一区别不是完全明确的，因为如果信息处理为接下来的阐释提供框架，就像之前已经提到的自行运转的非意识算法，那么有意识行为和目标总是已然受到意识范围之外、非意识认知所进行的推断的影响。这一点的重要性将在本章之后的部分和第五章中详细阐述，第五章将专门讨论由技术装置执行的非意识认知。

总的来说，多项研究证实了非意识认知的信息处理速度和复杂度。它们展现出非意识认知作为在复杂信息中发现模式的有力手段，能够基于这些模式加以推理，并外推习得的关联性作用于新信息，从而成为直觉、创造力、美学偏好和社会交往的来源。倘若回顾受试者无法有意识地识别他们已经在非意识状态下习得的模式，我们便能赞同作者的结论，即非意识认知"在处理形式上更为复杂的知识结构时，总体上比意识控制下思考和识别刺激意义的速度更快，而且更'聪明'"（10）。该结论强调了我总体观点的一个重要论点：意识不是认知的全部，非意识认知在复杂的信息刺激环境中尤为重要。

非意识认知和意识之间的相互作用

现在让我们思考意识如何与非意识认知相互作用并受到其影响。如果内省无法触及非意识活动,影响是如何产生的呢?此外,这种影响是否只由认知非意识作用于意识,还是也能由意识作用于非意识认知?这些问题在斯坦尼斯拉斯·迪昂(Stanislas Dehaene)的《意识和非意识过程:证据积累的不同形式?》("Conscious and Nonconscious Processes:Distinct Forms of Evidence Accumulation?",2009)一文中有所提及,该文提出了一个理论框架,协调了非意识学习和意识的关系。他将非意识认知定义为"专门信息处理器",引用功能磁共振成像的例证(来自他和其他研究者的实验),证实这些专门处理器能够非常迅速地传送结果,在非意识感知后的 270 毫秒内完成。实验表明,这些快速反应处理器能以多种方式影响感知,比如通过启动效应(priming)。如果不可见的(潜意识)启动效应与意识感知目标一致,它能使被试作出更快的反应,若不一致则会阻碍被试的识别。此外,专门处理器能够在抵达反应发生的动态门阈之前,不断提供支持反应的例证(97)。这种机制可以解释非意识学习的能力,因为学习有助于降低反应的动态门阈。

在这一例证的基础上,非意识认知和意识之间相互影响的机制究竟是什么样的呢?迪昂提出框架假设的神经反响回路,通过结合自下而上和自上而下两种信号进行工作。这里的时间维度格外重要,因为如果传输的信息被决定注意力集中对象的(意识)执行控制区域判别为符合情境,那么与意识相关的、具备远程兴奋轴突的神经元就会开始"向首先激活它们的感官区域发送支持信号"。比如,让我们想象一只狗听到灌木丛里有响动。如果这吸引了它的注意力,它就会竖起耳朵,这便是自上而下的支持信号对低层级感官激活反馈的结果。这种来自高层级的自上而下的支持,可能会发送"递增的自上而下的增强信号",直到突破动态门阈。这时,"激活变成自我增强的过程,并且非线性地增强",因为大脑与意识相关的区域可以保持激活状态,无限地独立于原始信号的衰减过程。

这一现象被迪昂称作"全局工作空间引燃"(ignition of the global workspace),与专门处理器传输到意识的信号相呼应。另外,此时"全局工作空间内呈现的刺激信息可以被迅速传送至许多大脑系统",因为意识在调节神经活动时会调用全身上下各种不同系统。接上文的例子,这只狗现在也许将声源断定为一只附近的兔子,于是发足追击。迪昂分析皮下处理器的工作方式时,一个关键点是时间维度,因为皮下处理器要求自上而下的支持,以撑过半秒钟的门槛。的确,他将潜意识信号定义为"拥有足够能量在专门处理器中引发前馈的激活波",但是"没有足够能量或持久度来引发全局网络中长轴突神经元的大规模反响状态"。

这一分析中,非意识或潜意识处理过程和另外一种与"注意瞬脱"(attentional blink)相关的处理过程之间,浮现出显著的差别。注意瞬脱这一概念通过马尔科姆·格拉德威尔(Malcolm Gladwell)的《瞬间决断:没有思考的思考力量》(Blink: The Power of Thinking Without Thinking, 2005)一书进入大众视野。注意瞬脱时,信息并不到达意识,因为全局工作空间被来自其他处理器的信息占用。迪昂、克莱尔·塞尔让(Claire Sergent)和让-皮埃尔·尚热(Jean-Pierre

Changeux)(2003)提出的注意瞬脱模型,成功地预测到"从非意识处理到主观感知的非线性转换的独特特性。这种意识感知的'非有即无'(all-or-none)动态被证实行为上发生在人类被试身上"(2003,8520)。比如,在无人察觉大猩猩走过篮球场的案例中,模型预测被试的全局工作空间被计算传球数量这一指令所占据,因而无法接收非意识认知过程传输的信息。席德·科德和迪昂(2007)将这一注意瞬脱现象称为"前意识处理"(preconscious processing),将它定义为在"处理过程局限于自上而下的传递而非自下而上的力量时"发生。相比之下,非意识或潜意识处理,可能接收不到必要的自上而下的支持来持续激活,这种情况下,它不具备能量或持久性来独立激活全局工作空间,但前意识处理能够在全局工作空间存在空余时进入。如果回到大猩猩的例子,这便可以解释为什么一些被试者有意识地感知到了入侵。因为一些原因,他们的注意力(或执行控制)没有非常集中于完全占据全局工作空间的计算任务,因而使得携带有关大猩猩信息的前意识能够进入工作空间,从而被意识感知。

迪昂指出了有关前意识处理和非意识认知之间区别的重要事实:尽管潜意识启动效应能缩短反应时间,但"它们几乎从来不能引发成熟的行为,不管在它们内部还是本身"(笔者强调,Dehaene,2009,101)。非意识认知能高效有力地完成意识分配给它的任务;它也能整合来自体内和体外的多种信号,从中找到推理的依据,在矛盾或模糊的信息中作出决策,产生前馈激活,从而影响各种各样的行为。而意识同样必不可少,就像迪昂所说,一次"信息呈现进入权衡过程",并"以主人翁的感觉支持自发行动"(Dehaene,2009,102)。在这一层面,非意识认知就像一个忠实的导师,支持和影响意识,而不是靠它自己驱动全身行为——换句话说,它表现得更像乔·拜登(Joe Biden)而不是迪克·切尼(Dick Cheney)。

　　为了证实上述认知非意识和意识之间的关系,我们可以追溯它们各自的演化角色,伯格塔·德累斯顿-兰莉(Birgitta Dresp-Langley,2012)曾讨论过这一话题。她认为"统计学习,或通过感官输入完成的隐性数据规律学习,可能是人类和动物获得关于物理现实和连续感官环境结构的知识的第一种方式"(1)。她详细指出,"这种形式的非意识学习的运作,能够超越领域,跨越时间和空间,跨越物种,自生命诞生的那一刻起就存在,新生命得以接触和检验语言流输入"(1)。相反,意识则"在生命阶段开始后很久才出现,它关乎复杂的知识呈现,用以支持有意识的思考和抽象推理"(1)。在进化的时间轴上,非意识认知毫无疑问是最先开始发展的,意识建立在它之上,两者之间存在大量千丝万缕的联系,包括埃德尔曼所说的重入信号和其他机制。然而,意识的信息处理能力受限,原因是有限的集中力和相对较慢的动态,这意味着非意识认知持续在环境模式分辨中扮演着重要角色,包括处理面部和身体姿势的情绪暗示(Tamietto and de Gelder,2010),从变量间复杂的相关性中作出推理,以及影响行为和情动层面的态度与目标。

　　该研究的重点在于,认知非意识不仅具备将信息传输至意识的功能,而且它不会传输与当下状况无关的信息。否则,意识的信息处理能力很快会到达极限。德累斯顿-兰莉观察发现,"非意识呈现的目的在于降低意识处理层级的复杂度。它使大脑从发生在身体内外的事件中,只选择能够产生有意义意识经验所需的内容"(7)。德累斯顿-兰莉总结道:"日常生活中,人的很多决定在个体没有完全意识到的情况下完成,人们不知道发生了什么,或者他们在做什么,以及为什么要这样做。另外,人类决定和行为有时建立在所谓直觉的基础上,它们常常及时、贴切,反映出大脑利用非意识呈现,轻松有效地完成有意识行动的惊人能力。"(7)总结而言,意识*需要*非意识认知的信息处理,没有它,意识就不能有效地发挥功能。

作为人文概念的非意识认知:麦克道尔—德雷福斯之争

非意识认知的概念将如何对人文学科有所帮助呢? 我将以两位著名哲学家——休伯特·德雷福斯(Hubert Dreyfus)和约翰·麦克道尔(John McDowell)——针对人类经验中普遍理性的辩论为例。他们的争论诞生在哲学话语的学科标准内部,表明这些标准如何阻碍了非意识认知的讨论。这场辩论的主题表面上是意识知识的本质,广义上说则是关于过去几十年来主导认知科学的范式,这一范式将大脑视为一台执行程序和处理抽象符号的计算机。辩论的起源是 2005 年德雷福斯在美国哲学协会会议的会长演讲,他针对麦克道尔在《心灵与世界》(*Mind and World*,1996)中"可理解性充斥着理性的官能"的观点展开论述。麦克道尔对此作出回应,他们各自的立场被总结成文,发表在《心灵、理性和存在世界:麦克道尔—德雷福斯之争》(*Mind, Reason and Being-in-the-World:The McDowell-Dreyfus Debate*)(Dreyfus,2013)一书中,其中还包括许多其他哲学家对该论题的评论。辩论的核心在于,一般人类行为是否受到理性的支配,这是麦克道尔的观点,还是说非理性过程也在人类生活中扮演重要角色。

德雷福斯长久以来批评将大脑等同于计算机的范式,认为大部分人类生活借助于他所谓的"吸纳式应对"（absorbed coping）（22-23）来完成，而这些行为在根本上并非概念性的。他引用了如下案例，包括比赛白热化阶段的足球运动员、两个对话者之间保持的身体距离、社会性别角色扮演，以及国际象棋大师下闪电棋的表现（但我认为这个例子有些问题）。他认为，这些实践打开了"可以支配全部文化应对形式的意义空间"（25）。他质疑麦克道尔的立场，将之归结为"所有人类活动"都能解释为"形塑后的自然反应"或"理性空间"（26），他坚持"吸纳式应对"不属于这两个类别。此外，他认为吸纳式应对在人类生活中很普遍。我们可以从他的观点中看出，"吸纳式应对"和之前讨论的非意识信息处理器很相似，尽管这里前意识处理和非意识认知之间的微妙差异被模糊了，在"吸纳式应对"这个包罗万象的表述中混作一谈。

德雷福斯举出大量的日常活动作为吸纳式应对的例子，比如开门进屋，或用粉笔在黑板上写字；他还举出象棋大师和其他高度专业技能者的例子，如职业运动员。他认为象棋大师"并非主要依靠分析成败来学习技巧，而是从成百上千次行动中学习。他们学到的不是批判意义上正当的*概念*，而是对*感知模式*中越来越微妙的*相同点*和*不同点*的敏感度。因此，学习改变的不是大师的*心灵*，而是他的*世界*"（35）。尽管他并未提及非意识认知，但"越来越微妙"的模式使我们回想起之前提到的实验中的非意识学习。

麦克道尔在回应中澄清了他所说的理性经验的含义。"这里的意思并不是说，经验性知识总是理性要求我们思考某个问题的结果"，他解释道（42）。"通常情况下，当经验告诉我们一件事应该是这样或那样，我们便简单地发现自己拥有某一知识；我们并不是想知道事实是否如此,并给出一个论断。当我说让位于理性主体的知识经验为理性主体特有时,我的意思是,在这种知识中那种*能够容纳*于此种智力活动的能力正在发挥作用。"(42)这个观点明显弱于他最初的主张,即理性遍及日常生活;事实上,这段辩驳接近同义反复,即具备理性能力的生物可以行使理性。

值得注意的是,在这场辩论中,两位哲学家都没有清晰地区分意识思考和非意识思考,尽管德雷福斯的"吸纳式处理"接近某种不完全有意识的认知模式的概念。同样让人吃惊的是,这二人都信心满满地认为,单凭话语和论点就足以解决争论,其中麦克道尔提出了一个自我强化的信念循环,利用理性论点来提高理性的重要性。尽管二人都提到了许多其他哲学家,从亚里士多德到海德格尔等,但与辩论问题相关的实证研究却一个也没有引用。更戏剧性的是,二人都未提到包括理性在内的意识处理受限于速度和范围。当德雷福斯将习惯和习得文化模式放入"吸纳式处理"范畴内时,他注意到了习惯的作用,但没有表明非意识认知和意识行动之间相互支持的关系。尽管麦克道尔注意到,我们不一定有意识地知道自己如何知道("我们便简单地发现自己拥有某一知识"),他似乎完全没有注意到认知非意识识别复杂模式和推理的能力,导致系统性地过度强调理性对人类日常生活的重要性(虽然没有明说,但麦克道尔似乎认为只有人类才具备理性能力)。

很显然,德雷福斯想要挑战这一结论,原因类似于他之前的两部著作,其中列出了"电脑做不到的事"(大体上,他认为发生在特定语境中具身的人类行动,能够创造出丰富的意义,而这是电脑望尘莫及的)。但是,仅仅停留在推论观点的循环内,而不诉诸最新的实证证据,如实验和数据等,他仍然在哲学话语的学科标准之内钻研,故而注定多少只能采用推论观点进行论证。此外,即使在这个狭窄的论证圈中,他也没有选择最恰当的方法为吸纳式应对辩护。比如在闪电棋大师一例中,他将论据拆解成站不住脚的"不是/就是"(either/or)立场(棋手不是使用吸纳式应对,*就是*使用理性)。麦克道尔抓住这一弱点,正确地指出智力分析也是该活动的一部分。尽管德雷福斯只是含蓄地在论证中提及*闪电棋*,选取这一活动为例很重要,因为棋手几乎没有*时间*思考,间接涉及意识思考速度远远慢于非意识认知这一事实。事实上,非意识认知可能只在需要唤起推理的决策点筛选信息并传输给意识。这一过程可能只占据决策时间的百分之五,但可能正是这百分之五的时间,区分了普通棋手和大师之间的高下。同样的,德雷福斯的论证仍然没有充分理清实证调查中解释的意识和非意识认知之间的协调类型。

总结而言,德雷福斯的论证也许会更加有力,前提是如果他采用另一套修辞和参考框架,证明大多数人类信息处理过程并非是有意识的。如我们所见,这一事实现在已被认知科学广泛接受。这样一来,辩题不再是人类是否能够行使理性(这似乎是麦克道尔想要重新定位其论点的方式),而是理性是否占据人类日常行动的中心位置。

这样的解释使我们能够讨论非意识处理方式,虽然与意识不同,但它与意识保持交流,并通过*限制*意识必须处理的信息量来支持意识,这样速度较慢、处理能力有限的意识才不会崩溃。重点不在于人类没有理性(这显然是一个很容易反驳的谬误),而是理性得到非意识认知的支持,并且实际上*需要*后者才能自由地解决它所擅长解决的问题。

麦克道尔将智力活动视为人类生活中心,这一观点不应被理解为一个*量化的*主张（即多大比例的人类认知属于理性，在这一问题上，他错误地断言了理性在认知活动中的普遍性），而是一个*价值判断*，关于理性能够完成多少任务，它的成就对人类社会系统和现代人类生活有多重要。非意识认知对正常人类功能至关重要，但这不应当被理解为对理性价值的驳斥，而应理解为意识——和随之而来的理性——如何以及为何能够发展的基础。

总结而言，人们认为这场著名的辩论非常重要，甚至专门为它出版一本论文集，吸引了其他多位哲学家进言献策。但因为非意识认知的缺席，它依旧是无效的。麦克道尔没有提出相关论述，他肯定会反对这一理念，而德雷福斯也没有，尽管他的研究方向与非意识认知一致，后者能够为他提供重要的澄清。这场辩论打开了一扇窗，让我们看到像哲学这样以理性论证为重点的领域，倘若将非意识认知纳入讨论范围，将如何受到挑战和激励。人文学科中的许多不同学科亦然，特别是在这个时代，数字人文将非意识认知以计算机算法的形式纳入人文探索核心，这一话题将在第八章讨论。

其他传统中对非意识认知的类似研究

上一部分讨论了基于理性话语的学科如何受益于承认非意识认知过程的研究，这一部分则将讨论非西方的不同传统，它们与这一认知的扩展理念存在部分重叠，但同时也有所偏离。我的第一个例子是正念（mindfulness）。1979 年，麻省理工医学部的乔·卡巴金（Jon Kabat-Zinn）等人，将其作为一种冥想实践和减压技巧引入西方治疗（N. d，"Mindfulness-Based Stress Reduction［MBS］"）。之后，它被用于治疗各种失调症，包括创伤后应激障碍（PTSD）、抑郁、焦虑和药物上瘾，在心理临床社区和其他领域受到广泛接受。首先，实施者需要调整到正确的姿势（盘腿坐或挺直背部坐在椅子上），然后将注意力集中在呼吸上。刚开始，冥想者会注意到她的大脑几乎立马进入游离状态（迈克尔·C. 科尔巴里斯在《游离的思想：在你不注意的时候大脑做了什么》(*The Wandering Mind：What the Brain Does When You're Not Looking* , 2015)一书中深入探究了这一现象；她得到建议，不要对该现象有任何评判性的注意，随着一阵警觉的好奇和接纳，当"感觉对了之后"，让注意力回到呼吸上。① 通过训练，冥想者维持注意力的时间可以超越最初建议的 10 分钟，她更敏锐地知觉身体律动、转瞬即逝的意识体验，对到来的刺激的回应作出反射性接受，同时不受到这种回应的拘束。尽管卡巴金坚称，这一冥想活动不是佛教和其他东方宗教所特有的，但理所当然的是，他所引用的美国超验论者亨利·梭罗（Henry Thoreau）和拉尔夫·沃尔多·爱默生（Ralph Waldo Emerson）均受过非西方冥想训练的影响。

参考本书发展出的框架，冥想训练具有减轻意识叙述载荷的效果，可以部分或完全清空全局工作空间，如此一来为无意识过程传输的信息腾出空间，尤其是关于身体过程、情绪反应和当下知觉的信息，从而将主体置于中心位，让她更密切地了解嵌入环境中的身体内部时刻发生了什么。在这重意义上，冥想与本书发展的框架相一致，并为

---

① 2015 年 3 月 20 日，我参加剑桥大学的"总体档案：从百科全书到大数据的普适知识之梦（The Total Archive：Dreams of Universal Knowledge from the Encyclopaedia to Big Data)"会议，当时简要介绍了正念技巧，这句短语是带领我们进行正念训练的马修·德雷奇（Matthew Drage）提出的。

目前为止提及的学术争论增添了经验部分。

但在佛教传统中,冥想训练在认识论和本体论的结果上产生了清晰的分歧,后者尤甚。一部开创性文本对非意识认知和冥想之间的统一和分歧进行了探索,即弗朗西斯科·瓦雷拉(Francisco Varela)、埃文·汤普森(Evan Thompson)和埃莉诺·罗施(Eleanor Rosch)合著的《具身心灵:认知科学和具身经验》(*The Embodied Mind*:*Cognitive Science and Embodied Experience*, 1992)。该书出版于20多年前,至今依旧是陈述具身/嵌入式认知观点和冥想训练的重要文本。通过关注沉浸式节奏呼吸活动等训练(而不是沉浸在意识叙述中),他们指出,在这样的时刻人们意识到,"在体验的每个瞬间,体验和体验的客体各不相同"(69)。关于这一现象,明显的结论是自我并不存在,存在的只有转瞬即逝的体验。因为意识害怕自我的丧失意味着死亡,因此它陷入恐慌,抓住最后一丝自我的幻觉。冥想的目的就是为了克服这一反应,意识到自我的缺席(佛教的"空",emptiness or sunyata)并不意味着丧失,而是对世界开放的结果,从而在这种开放中开始探索知觉体验。

而分歧正产生于对于"空"的深入体会和后果。佛教的中观派(Madhyamaka)传统试图找寻客体性和主体性之间的"中间道路"(Varela, Thompson, and Rosch,229ff),空在主体和客体、自我和世界中延伸。正如自我没有基础一样,世界也没有基础。两者都不具有超验的或永久客观的基础。相反,它们通过相互作用使彼此存在,作者们将之称为"缘起"①(codependent arising)(110)。作者们陈述,这

---

① 译者注:梵语 Pratitya-samutpāda。

表现出与西方哲学传统迥然不同的差异，即使后者也支持类似的自我为幻觉的观点。"[在西方学科中]不存在客体性和主体性（二者都是绝对主义形式）中间道路的方法论基础。在认知科学和实验心理学领域，自我被碎片化，因为该领域试图做到科学客观。正因为自我被当作客体，和世界上其他外部对象一样，作为科学的审查对象，正是因为这个原因——它从视野中消失了。也就是说，正是挑战主体的基础，使得客体作为基础得到保全。"（230）结果是，三人在哲学层面上认同佛教的观念，但仅建立在日常的实用基础上，这样带来的改变很小——除了在认知理论层面，因为它引出他们所谓"生成认知科学"（enactive cognitive science）的框架，基于的前提是自我与世界彼此嵌入其中。

即使如此，理论只是理论。"生成认知科学和某种意义上的当代西方实用主义，要求我们面对终极基础的缺失。二者一方面试图挑战理论基础，一方面希望确认日常的生存世界（lived world）。然而，生成认知科学和实用主义都是理论的；二者均无法回答我们如何在一个没有根基的世界中生存。"（234）因此，佛教传统对他们的重要性就显露出来，"无我的暗示是无比幸事；它开辟了生存世界，作为道路，作为实现的所在"（234）。尽管深入挖掘瓦雷拉、汤普森和罗施的本体论问题超出了本书的研究范围，但我要提出的是，在一定程度上，非意识认知过程并不要求积极抵制对先验确信的需要。因此，在这一层面，本书框架与生成认知相符，尽管在客体性和主体性的互相作用方面，我的方法确实和瓦雷拉、汤普森、罗施的观点产生了分歧。

我最后想要探索的类似研究，是格拉汉姆·哈曼（Graham Harman）和伊恩·博格斯特（Ian Bogost）在著作中阐释的"思辨实在论"（speculative realism）。我们的共同点有很多，包括去人类中心的渴望，对于非人类他者遭遇世界的模式的探索兴趣，对于我们永远不能成为蝙蝠的自觉（托马斯·内格尔在他著名的论文中提到），以及对于创造一种能够综合上述观点的新框架的需要。我在别处写过（Hayles，2014b），他们的一些观点我并不赞同，包括我在哈曼模型中看到的关系性缺乏，以及他（和博格斯特）坚持客体永远在离我们而去，因此不可被理解，这在我看来明显与经验知识相悖，包括自然科学、工程学、医学、人类学和数字人文。除了这些，还有对认知、意识和非意识的强调，这是我框架中的核心，但或多或少与他们无关。此外，博格斯特对适马 DP 数字图像传感器的详细阐述（Bogost，2012，65-66），能够很好地表明技术认知如何工作，尽管他没有按这个思路构建（他把这个例子用作讽刺或隐喻来证明他的主张，即人永远无法了解客体如何体验世界）。

作为本章总结，我将暂且告别细节阐述，用更广义的方式描绘我的视野，也即智人种族的一员如何遭遇世界。她警觉而反应灵敏，能够推理和抽象化，但又不至于完全陷入其中；她嵌入在她所属的环境中，意识到自己处理来自许多来源的信息，包括内部身体系统，以及情绪和情动的非意识过程。她对非人类他者的阐释能力保持开放和好奇的态度，包括各种生命形态和技术系统；她尊重并且与物质过程互动，承认它们是生命产生的基础；最重要的是，她想利用自己的能力，不管是意识的还是非意识的，在行星认知生态不断转变、成长和繁荣的过程中，保护、提升和促进它的演化。这就是我想从第二章细节中提炼出的宏大蓝图。

第三章 认知非意识和新唯物主义

新唯物主义(new materialism)是在对传统人文课题的重估中一个有前景的发展方向。尽管存在多样性,新唯物主义旗帜下的理论框架大多围绕一系列类似命题展开。其中最主要的是去人类主体中心化,以及一些长久以来被认定为属于人类例外主义的特征,包括语言、理性和高阶意识等。另一显著的观点是强调物质的"生机"(lively)与"活力"(vibrant)(Bennett),打破以往关于物质被动、惰性的看法。在新唯物主义的一些版本中,出现了对本体论的有力强调(Barad; Parisi; Braidotti),伴随一系列对本体论前提的框架重构,通常沿着德勒兹的方向,强调亚稳态(metastability)、动态过程和系综(Grosz; Parikka; Bennett)。总体而言,这些方法倾向于将人类定位于与非人类生命、物质过程并存的连续体中,而非优越的特殊范畴(Braidotti; Grosz)。最后,他们强调转化的潜力,常常将它们与新型政治活动的能力联系在一起(Grosz; Braidotti)。经过一番繁复华丽的语言学转向,这些方法就像一股股氧气注入疲惫不堪的大脑。通过关注实际物质过程的坚韧性，他们将物质性及其复杂的互动引入人文话语，提醒了长久以来经常被忽略的事实，那就是所有高阶意识和语言行动都必须首先产生于基础物质过程，不管它们是多么复杂和抽象。①

尽管新唯物主义具有巨大的前景，但它们也有显著的局限。意识和认知在其考量中明显缺席，也许是担心一旦引入它们，就会轻易地迈向已被接受的观念，而丧失关注物质性带来的前沿位置。这造成了一种表演性的矛盾：只有具备高阶意识的生命才能阅读和理解这些观点，但很少有新唯物主义者认可认知带给生命和非生命实体的功能。阅读这些文本，试图找到承认认知过程的迹象是一种徒劳，尽管认知过程必然关乎这些话语的存在。

新唯物主义者可能会反驳，已经有足够的历史和当代话语强调意识和认知的作用，因此她没有义务重申和修正这一观点来突出物质性。但是，区分物质性和认知并不对物质性的讨论有利，相反会削弱它，因为这样抹除了物质性在创造意识和认知涌生的结构和组织中发挥的关键作用。这绝不是说物质性的"生机"只能做到这些，这只是一个令人隐忧而影响重大的物质能动性形式，如果忽略它，只会得到非常片面且不完整的图景。此外，抹除关于认知的讨论也会导致过度宽泛的分析，无法区分不同种类物质能动性之间的区别，可能因为这样而损害去中心化的课题。这样思考便混淆了去人类中心化和对人类的完全抹除，后者注定是一番不现实且最终会弄巧成拙的事业，因为考虑到去中心课题要想成功恰恰取决于如何说服人类相信它会带来

---

① 这里的"物质（material）"，是指物（matter）、能量和信息，不是狭义上的物。

一定的作用。

扩展的认知观点框架可以弥补这些局限性(Hayles,2014a)。传统上,认知与人类意识和思考联系在一起。如我们所见,随着认知生物学的出现,这一观点正在面临压力。认知生物学这一科学领域推动了更广阔的认知观,认为所有生命形式都具有一些认知能力,即便是植物和微生物。在人类认知领域,已经展现出非意识认知对意识发挥出的至关重要的功能;此外,如第一、二章所述,越来越多的证据表明,大多数人类行为不是有意识的,而是从无意识扫描和非意识过程中生发出来的。

对非意识认知的强调,在去人类中心化的核心方向上占据一席之地,不仅因为它认可了认知过程中意识/无意识以外的另一能动者,还因为它在人类、动物和技术认知之间搭建桥梁,将他们定位为连续统一体,而非强调它们在本质上的差距。此外,非意识认知促使我们意识到,不同种类物质过程之间存在差异和相应不同种类的能动性。具体来说,它区别了不同的物质力量,包括能够充分通过决定论方法处理的物质力量,非线性、极不稳定,因而在演化中不可预测的力量,其中一部分结构具有递归性而涌生生命,还有更小的一部分过程能够促成和直接支持认知。在连续统一体中,能动性始终存在,但它们的能力和潜力各不相同,因此不能被视为可以相互转换或对等的。最后,非意识认知框架为新唯物主义普遍采用的德勒兹式概念和词汇提供了补偿性的论述,承认力量、强度、系综等能够在生命系统的连贯、生存和演化力量中保持平衡。如果没有这样的修正,对德勒兹全套概念的热情会让一些更极端的新唯物主义例证落入自我封闭的话语陷阱,这样尽管它能够自圆其说,却无法与其他知识实践建立令人信服的联系,只能转向意识形态层面,从而导致一些实践因为它们认同德勒兹观念而得到赞同,而非因为它们充分地代表了现实世界中的行为、实践和事件。

为了陈述这一情况,需要仔细考虑新唯物主义中各阵营的差异,并严谨地探索非意识认知框架在何处、如何为新唯物主义课题带来建设性补充、它和新唯物主义的主张有哪些差异、为后者提供怎样有效的修正、将如何开拓新唯物主义尚未考虑的新思路。为了更有力地展开分析,我的论证将从新唯物主义的几个核心概念入手,包括本体论、演化、生存、力量和转化。

本 体 论

凯伦·巴拉德(Karen Barad)是一位独树一帜的新唯物主义者,她从量子力学家尼尔斯·玻尔(Niels Bohr)的物理哲学中开拓了她的唯物主义品牌。根据 20 世纪 20 年代波粒二象性的实验证明,玻尔提出了和沃纳·海森堡(Werner Heisenberg)截然不同的阐释。众所周知,海森堡提出"干涉"解释(由于观察者对实验的干涉,由此产生测不准原理[Uncertainty Principle]:动量和位置乘积的不确定性,不能少于通过普朗克常数计算得到的微量)。相反,玻尔认为问题可能更复杂。他指出,为了进行测量,实验者不得不预先决定实验设备。巴拉德采用了更清晰的简化设置,展现出测量位置的设备与测量动量的设备之间互相排斥,故实验者只能择其一进行测量。结果是测量位置的设备精度越高,相应的,动量的测量就会越不确定;反之亦然。玻尔认为,这一情况表明,并非实验者"干涉"了测量,而是位置和动量在接受测量之前*并没有确定值*。正如巴拉德指出，之后的实验证明了玻尔的直觉。

对于玻尔来说，这一现象属于认识论领域。他的重点在于，包括实验设备和实验者在内的互动，形成了一个复杂的单元，既决定着现实如何呈现自身，并为所能被了解的部分设定了理论限制。通过向本体论跃进，巴拉德延伸了玻尔的洞见。她将测量/测量者单元称为一种"现象"（phenomenon），解释说"现象是世界具体的物质表现"（2007，335），并创造出"内行动"（intraaction）一词描述它们。"内"（intra）强调必须至少包含两个能动者，它们通过内行动，同时保证了彼此的存在。由此，她回答了一个哲学第一性问题：为什么有，而不是无？在她看来，没有内行动的宇宙是矛盾的，因为如果没有内行动，宇宙根本就不能如此存在。

在杜克大学期间，我与粒子物理学家马克·克鲁斯（Mark Kruse）共同教授课程《科幻小说，科学事实》，我们主要关注科学和文学中的量子力学，与学生们一同研读了巴拉德的著作。马克是最近发现希格斯玻色子的团队中的一员，因此我很好奇他如何看待巴拉德的观点；作为一个科学家，他必然相信自己和同事们在欧洲核子研究中心（CERN）的实验揭示了一部分现实。在所有科学领域中，粒子物理学（以及宇宙学和宇宙化学）最接近利用实验探寻哲学第一性问题，尽管我怀疑该领域中没有人能声称自己已经得到准确答案。（谈到这类问题时，马克总爱说，"这是个哲学问题"，意思是这个问题无法用科学实验解决。）尽管如此，现在的粒子物理学能够呈现宇宙大爆炸后最初几纳秒的一种情形（名为"膨胀"的时间机制），且可以假定这场惊人事件发生的机制和限制。毋庸置疑，在这些知识背景之下，马克认为巴拉德的观点十分合理,并且与他领域内的实证结果相一致。

当然,巴拉德的分析没有止步于量子力学,她将"能动实在论"(agential realism)的观点推导至话语、文化政治和女权主义理论,强调互动/内行动在这些领域中的关键作用。此外,她对量子力学理论和实验的细致解释,为她的课题提供了批判性基础,并为之树立某种威望。她认为(这一观点并未得到广泛认可)量子力学适用于宏观和微观物体,这是人类目前为止最全面、最成功的科学理论。[1] 尽管她在量子力学上的专长令人印象深刻,警觉的读者可能会发问,如果将她的分析从基本粒子引入生物体、人类和文化范围时,会产生怎样的不同?即使基础层面上的现实是内行动的,这意味着文化也一定是吗?

这就是非意识认知框架发挥重要作用的时候了,因为层级问题对它来说至关重要。不同层级上特定的动态模式,为区分物质过程和作为涌生结果的非意识认知提供了区分方式,同时阐明了意识/无意识的组织特征模式。这样一来,该框架有助于弥合量子反应和文化动态之间的沟壑,填补了巴拉德论证中假设一定存在,但并没有明确讨论的"结缔组织"。在这一点上,她和大多数新唯物主义者一样,因为他们的话语中很少承认层级细分的动态,以及各层级拥有不同组织模式特征的经验事实。通过理清其中一些区别如何发挥作用,非意识认知

---

[1] 量子力学是否可以或者应该用于宏观物体,这是一个悬而未决的问题。在《科幻小说/科学事实》的课堂上,我们讨论了高速运动网球的量子效应。马克提供的计算结果表明,网球的德布罗意波长(de Broglie wavelength,网球波属性的测量值)大约为 10^{-32} 米。相比之下,一个原子的半径为 10^{-10} 米,一个质子半径为 10^{-15} 米。10^{-32} 米不光是一个无法测量的数值,且正如马克在电子邮件中解释的那样(2014 年 7 月 24 日),由于海森堡不确定性原理,"这不具有任何物理意义,因为测量那种精度的距离是不可能的"。

框架为新唯物主义理论和观点提供了有效的修正。举例而言，如第二章所述，带有长轴突的神经元参与意识生产，如果没有它们的增强效果，非意识认知过程无法维持超过约500毫秒（Kouider and Dehaene，2007；Dehaene，2009）。一旦发生这种自上而下的增强，随之而来的是斯坦尼斯拉斯·迪昂所谓的"全局工作空间引燃"，神经反响回路被激活，思考便能无限地持续下去。自下而上的信号与自上而下的增强之间相结合，证实了生物体神经过程中不同层级的重要性。类似的尺度依赖现象同样存在于计算媒介的技术认知中，其中自下而上和自上而下的交流也或多或少持续存在。

为了弄清楚新唯物主义为何倾向于掩盖层级问题，我们应当提及吉尔·德勒兹（Gilles Deleuze）的哲学，他对于该学派产生了重大影响。伊丽莎白·格罗斯（Elizabeth Grosz）解释德勒兹时说，"德勒兹首先是个本体论者，志趣在于重新激发我们关于真实的概念"（Grosz，2011，55）。德勒兹在和瓜塔里的合著，以及他独立完成的著作中，反对主体、生物体和符号（Deleuze and Guattari，1987），试图创造出一种不依赖那些实体的视野，而是拥抱情动、强度、系综和逃逸线带来的活力。当然，他和瓜塔里承认主体的存在，但他们强调横向贯穿层级的力量，借此回避了占据传统哲学的大多数概念。"机械系综的一方面面向地层（strata），这毫无疑问让它成为一种生物体，或意指的总体，或可被归于主体的决定；它的另一面朝向一具无器官身体（*a body without organs*），它不断拆解生物体，让非意指粒子（asignifying particles）或纯粹强度（pure intensity）得以流通，让主体名存实亡。"（Deleuze and Quattari，1987，4）

在对德勒兹更极端的阐释中，一些新唯物主义者几乎只关注"朝向一具无器官身体"的一面,在叙述中除去了必要的另一面,即凝聚、封装和特定于层级的生命动态特征所产生的力量,比如尤西·帕里卡(Jussi Parikka)将昆虫归纳为"机械的生成"(machinological becomings)(2010,129)。在接下来的部分,我们会看到这样的主张只会带来矛盾,非常片面地解释或极大地歪曲科学实践,尤其是演化生物学。这种极端方法也会使非意识认知和其他知觉模式几乎不可能被想象,也绝对不可能在当代文化中构建为生成的力量。

演 化

另一个大胆应用德勒兹原理的尝试,来自露西安娜·帕瑞希(Luciana Parisi)的《抽象的性:哲学、生物技术和欲望的变异》(*Abstract Sex: Philosophy, Bio-Technology and the Mutations of Desire*,2004)。这一课题值得讨论,因为和大多数新唯物主义不同,它创造出的框架承认和连接了不同层级的分析,包括演化生物学(生物物理学)、有性繁殖(生物文化学),以及生物技术(生物数字学)。为了建立她所谓"达尔文主义和新达尔文主义"的反叙述,帕瑞希着重于生物学家林恩·马古利斯(Lynn Margulis)的内共生(endosymbiosis)理论,即细胞吸收其他变异中的自由生命体的过程。据估计,该过程在15亿年前就已经发生。在这一理论中,真核细胞(由细胞膜包裹一个细胞核和多个细胞器的细胞)起源于相互作用的实体组成的群落。帕瑞希对此大感兴趣,她认为这一观点反驳了自然选择通过遗传实现,而因此倾向于同类重复的观点。她认为在达尔文的范式中,遗传"从根本上指定了基因单元自体繁殖的组织系统(一切差异的起源)。遗传确认了环境中基因的自主性……孕育了生物体的环境不能为基因材料的遗传功能重新编码"(49)。这一段清晰表达出帕瑞希反感"达尔文主义和新达尔文主义"的理由,因为这一观点中的遗传根本上被视为保守力,在自然选择被理解为繁殖竞争的情况下尤其如此。

很大程度上,她挑战的幽灵是一只纸老虎。20世纪40年代,这种进化论观点可能还被进化生物学奉为圭臬,但最新的表观遗传学成果早已证明,DNA不能完全解释基因表达的方式。基因调控非常重要,通过调节荷尔蒙和其他化学信号,身体可以决定在什么时候激活什么样的基因。这些调节机制反过来被证实会受到环境状况的影响(López-Maury,Marguerat,and Bähler,2008)。因此,基因表达不像帕瑞希认为的那样,排除"环境和基因之间的反馈关系"(49)。此外,她的论证忽视了巴尔得云氏效应(Baldwin Effect),它追溯物种变异和它们调节环境使之有利于变异之间存在的反馈回路,这是环境与演化发展相联系的另一种方式。此外,达尔文主义范式假定每个物种都要适应其生态位带来的机遇和挑战,所谓生态位是由它和其他物种及周边栖息地动态之间的关系决定。帕瑞希断言,"[新达尔文主义中]环境注定会消亡,它只是无关的、惰性的、被动的发展语境"(49),这明显是错误的。

为什么要强调内共生?这一理论吸引人的部分原因在于,它转移了"演化理论的动物中心主义(智人优先)"(62);此外,它强调同化和建立关系网络(Margulis and Sagan,1986),而非生存竞争。然而,将这一理论标榜为"达尔文主义和新达尔文主义"的*反对面*,这样却忽略了同化和建立关系网络本身作为演化生存的策略,比如细胞线粒体的生成过程,当地球大气层开始发生变化,氧气水平上升时,厌氧细菌采取与好氧细菌融合的生存策略(63)。

尽管存在不足,帕瑞希的视野在内共生层面上发挥了很好的作用,并引出"抽象的性"这一新颖观点,她认为这一种分析方式"从物质组织的分子动态开始,考察基因工程和人工自然、细菌性别和女性欲望之间的联系,由此定义了一种虚拟的身体—性概念"(10)。这一表述过于晦涩,帕瑞希在一段文章中对其进行了解释,并言明她的德勒兹取向。"性主要是一个事件:交流和繁殖模式的实现,释放出一种不确定的能力,影响各个层级的身体组织——生物的、文化的、经济的、科技的……性无法决定身份认同,它像一个信封,不断折叠并展开联系和传输最无关的元素、物质、形式和功能。"(11)性是一种力量,不能被限制于主体(不管是人还是动物),它贯穿各个层级的生命(和非生命),下到分子级别。这一观点是非常有说服力的洞见,可以用来解释细菌层级和它们的同化、分裂、吸收养分和繁殖功能。

当帕瑞希转向另外两个层面的分析——生物文化学和生物数字学,这一观点就不那么行之有效了。问题不在于她的分析不正确,而在于分析几乎只在德勒兹视角内部运转,因而很难将她的评论和其他成熟话语领域建立联系,包括生物技术、数字媒介、信息学和文化研究。譬如,她在《有机资本》("Organic Capital")部分写道:"伴随着工业资本主义,可再生产性从社会有机层中抽离出来,通过内容和表达的生物物理形式的全新组织,目的是为了驱使和控制大量被解码的身体(内容和表达的物质)。工业资本主义涉及对被解码的社会有机再生产模式(核酸与细胞质)的再疆域化(reterritorialization),将它们稀有的编码作用于机械再生产的节奏。"(103)此处她批判的对象——包括基因工程——辅助了再生产技术,如体外受精、人类和非人类克隆等等，这些都被归入"工业资本主义"的范畴内，没有具体说明涉及哪些技术、会产生什么样的问题，以及她的分析如何解决问题，只是推论上将德勒兹的去领域化力量应用于预先设想/预先存在的实体上。

毫无疑问，帕瑞希的分析最适用于细菌和细胞层级，因为不存在意识对生存斗争的复杂化。单细胞生物通过一片细胞膜区分体内和体外环境，它与环境的互动方式本质上与更复杂的生物体不同，包括短时间繁殖和相对迅速的变异率。它的转变潜能也相应地比复杂生物体更大，因而德勒兹的术语确实抓住了其中一些关键方面，如对"强度"的敏感性，以及将细胞描述为变异的"系综"。当生物体越发复杂，细胞动态结合了许多其他层级和组织模式，于是德勒兹式的去领域化相应地面临越来越大的压力。因此，帕瑞希不得不在生物文化学和生物数字学层面上几乎完全退回到德勒兹式的词汇和概念，创造出一种自我封闭的推论泡沫，无法与现实世界建立有意义的联系。

昆虫比单细胞生物复杂，但又比哺乳动物简单，是一种中等复杂生命，如果被用于检验德勒兹动态中的流动、变形和去领域化，可能是非常有趣的研究。昆虫和单细胞生物一样没有意识；和细胞一样，它们的繁殖周期较短，变异相当频繁（果蝇在过去几十年内一直受到实验者的青睐）。尤西·帕里卡将德勒兹概念应用于昆虫，包括有趣的虫群案例，当化学信号和其他非语言传播模式提升了集体活动的潜力，便涌生了非意识认知。

针对冯·弗里施（von Frisch）开创性的蜜蜂传播研究，帕里卡指出，蜜蜂不是再现的实体，而是机械的产物，它们被置于语境下，依靠互相感知和理解环境变化的能力，成为其自身组织结构的一部分……其中，互动的智能并不存在于任何一只蜜蜂，甚至也不存在于作为稳定单元的蜂群,而是存在于正在发生的中间地带中('in-between' space of becoming):与相关环境有关的蜜蜂,会成为整个昆虫社群社会行为的连续统一体。因此,蜂群并不建立在再现的内容上,而是非人类行动者社会的分布式组织之上。

帕里卡对于再现的否定让人吃惊,尤其是考虑到所谓的"摇摆舞",蜜蜂通过舞蹈的位置、能量和朝向,来精确传达关于食物源的信息。为什么在帕里卡看来,这不构成再现呢? 主要原因似乎是为了保持对德勒兹范式的忠诚,即使事实与之不符。这样反而激发了两种连续统一体,一是蜜蜂和它们所处的环境,二是先于且取代个体的作为力量的强度和偶然性的系综。尽管这一系列词汇和概念很好地展现了社会性昆虫行为在某些方面的特点,它们却淡化了非意识认知和再现活动的可能性,而非意识认知框架可以帮助修正这一缺失。

这样一来,便提出了一个重要的问题,即我们能否在德勒兹式的生成和认知、主体性及高阶意识之间建立一种中间立场呢? 一方面,纯粹主义者也许会反对中间地带存在的可能,因为特权来源必须二选一,要么来源于力和强度,其他一切事物从这二者中产生(德勒兹的观点),要么来源于作为先在实体的个体主体,力在其之上运作。在这一观点中,二者不能同时优先,而从中选择其一会带来复杂的结果链,最终产生不同的世界观。但是,试想我们不把它们视为非此即彼的对立观点,而是整体下两种不同的角度(就像德勒兹和瓜塔里指出系综的两个面向),留存它们各自的真知灼见。至此,可以类比巴拉德对波粒二象性的讨论。在这个类比中,粒子是位于空间中一个点质量(point mass),相当于一个实体,而波动则在一定时长内以非定域方式传播,类似于一个事件。如果我们提问,实体和事件哪个更基本,从巴拉德的视角来看,这个问题本身就是错误的。相反,我们应该探究内行动在何处发生,以及物质过程和结构化、组织化的意识特征模式是如何发生动态、持续的互动。

非意识认知在物质过程和知觉模式中起到调和作用,它为内行动提供了关键场所,使之连接来自内外部环境的感官输入("事件")和主体的涌生("实体")。在这一观点中,非意识认知框架既不反对德勒兹,也不赞同他,而是充当协调两种视角的桥梁。其他试图采取类似协调立场(尽管不是在非意识认知范畴上)的理论家,包括伊丽莎白·格罗斯(Elizabeth Grosz)和萝斯·布雷多提(Rosi Braidotti)。二人都试图在力/强度和主体/生物体之间寻找平衡,各自方法不同,且各自形成独特的修辞体系和思考模式。我们将在下一部分关于生存的关键问题上比较她们的方法,并在这一语境中进一步发掘非意识认知的作用。

生 存

在伊丽莎白·格罗斯对达尔文的优雅论述中,她试图将他与博格森和德勒兹相提并论。具体而言,在她看来达尔文的一些主张对她去人类中心的课题有所帮助,包括达尔文坚持进化过程将人类、动物和所有生命视为连续统一体,将人类和非人类动物之间的差别视为程度问题,而不存在绝对区分。打个比方,如果人类的语言特征已在其他动物身上有轻微程度的体现,那么再稍微迈出一小步就能达到德勒兹的生命观,即"持续的倾向,意欲将虚拟变为现实的,让趋势和潜力成真,探索器官和活动以促进和最大化他们使之成为可能的行动"

(Grosz 2011，20)。当然，为了达成这种和解，必须舍弃一些达尔文的观点，尤其是他将生物体（以及个体组成的群体）视为自然选择的受体和载体的假说。而对于德勒兹来说，生物体有时从亚稳态中涌生，容易受到持续动态重组的影响。

通过强调性选择（sexual selection），格罗斯在一定程度上回避了生物体作为自然选择的核心。她认为，性选择不能被化约为自然选择（一些进化生物学家如是），将之与"身体强化的力，激发愉悦或'欲望'的能力，和产生身体感觉的能力"相提并论(118)。这可以与她认为达尔文强调的内容相联系，即"（大部分）生命形态在性差别和性选择上采取的非适应性的、不可化约的、非策略性的投资"(119)。当然，怀疑者可以指出，性选择与自然选择密切相关，通过配偶竞争，最终为了成功繁衍后代。格罗斯承认这一点，但坚持它不是故事的全部(120)。的确，想想雄孔雀的尾巴和其他类似的夸张表现，很难明白这究竟表明了何种适合度（fitness）。然而格罗斯认为，雌孔雀青睐一只雄孔雀的理由，很少与繁殖适合度有关，而更多基于关于愉悦、欲望和身体感觉。

非意识认知框架能对此作出怎样的补充呢？达尔文式有机物和德勒兹式流动之间隐含的冲突，在格罗斯的论文《不可感知的政治》（"A Politics of Imperceptibility"，2002)中体现最为鲜明。她反对身份政治作为一种女权主义策略，指出即便看起来异质、断裂的身份认同，都会随着时间而被复制，最终导致单一的重复。格罗斯认为，为了真正改变，必须拿出不同的理论方向，强调对持续变化的转化和开放，以及去领域化——也就是德勒兹范式。但是，如果不提及主体、生物体和符号这些德勒兹反对的实体,很难想象如何动员人们的政治能动性。[1]

非意识认知提供了一种手段,将能动性定位于物质过程和非意识认知,作为它们涌生的结果,而非无法随相关环境转变的意识的停滞。[2] 格罗斯写道(2002,471):"我们作为主体,是构成我们主体的力的主人或能动者,这样想象很有用,但也有误导性。"非意识认知连接了物质力量与作为主体的我们,继而解构了主体作为"构成我们主体的力的主人"这一幻觉,而不必彻底抹除或忽视主体作为能够发起政治行动的能动者。

就算这里格罗斯的论证有时显得牵强附会,但伴随一系列事件的曝光,她提出的不可感知性渐渐被冠以新的政治焦点,包括美国国家安全局(NSA)的间谍活动,以及与之相关通过社交媒体和搜索引擎等实施的追踪监控和数据收集行为。很多人关闭了脸书账号,并试图抹除自己在网络上的痕迹,于是不可感知性成为一种人们渴望的状态。2006 年,罗斯·布雷多提在扩展(同时改良)格罗斯论证时预测了这一趋势,在《生成不可感知的伦理》("The Ethics of Becoming Imperceptible")中重点强调。和其他新唯物主义者不同,布雷多提承认主体,强调"可持续主体"(sustainable subject)(135)。"这种主体生理性地嵌入自我的

---

[1] 抛弃主体和意义的典例是德勒兹和瓜塔里《千高原》中的一段:"我们对科学性的熟悉程度和对意识形态的一样低;我们知道的一切都是系综。唯一的系综是欲望和集体表达的机器性系综。没有意义,没有主体化:向第 N 种力量写作(所有个体表达都被困在支配意义中,所有意指的欲望都与被支配的主体相关)。"(Deleuze and Guattari, 1987,32)

[2] 比如,安东尼奥·达马西奥将元自我(用我的话说即非意识认知)视为对于意识来说至关重要(2000,174),但同时他也认为"没有对他者的认识和参与,就没有自我"(2000,194)。

肉体物质性中,但被赋予肉体形态的强度或游牧式的主体是一种中间性的存在(in-between):吸纳外部影响的同时展开释放出情动。"(135)很明显,布雷多提受到德勒兹和瓜塔里的影响,但她在《后人类》(*The Posthuman*)中宣称,"我是独立于这二人的"(2013,66)。

布雷多提的独立性体现在她的可持续主体观点中:"可持续性是关于主体所能容纳的量的多少,而伦理也相应地被重新定义为身体能力的几何学边界。"(136)所谓"主体所能容纳的量的多少",她是指主体作为"单一结构中通常而言的'个体'(individual,或不如说:dividual)自我",开放自己所能容纳的"在空间中巩固和在时间中统一的力——或流动、强度和激情"(136)。那么,她的平衡做法是为了将主体构想为向事件开放的实体,抵达某一临界点后标志着主体的彻底解体:"我们的身体会告诉我们,是否和何时抵达临界点或极限。"(137)在这一临界点上形成平衡,她话语中的主体有时听起来像一个稳定的实体,有时又像一个即将解体的、短暂的系综(注意上文在"个体"和德勒兹式"非个体"之间的犹豫)。同样的平衡动作在另一段中也十分明显:主体是一个"具有强度的动态实体……[就是说]一部分力足够稳定——在时间和空间上——能够耐受住持续不断的转变"(136)。那么,伦理"存在于抵达可持续性临界点的痛苦的修正中"(139),是一种将连贯自我尽可能远地置入变动中,却仍然能保持自我完整性的坚定决心:"正在破裂开,但依然坚守。"(139)

通过将其命名为"可持续"主体,布雷多提当然暗示了生存是至高无上的考量。但我们都知道任何"个体"(甚至"非个体")必须死亡。死亡与可持续性之间的明显冲突,在她的话语中得到协商,她认为死亡只发生在个体身上。她承认"自我保护是一种共识"(146),"自我保护是一种强烈的驱动力，毁灭只能来自外部世界"(146)，但她却主张将死亡视为"我成为他者或他物力量的极端形式"(146)，比如尸体腐烂后存活的分子，或者如果不是分子（个体死亡后很多蛋白质亦无法存活），那就是依然存在的原子，或者最终成为蛆虫的盘中餐。

当然，唯一能够这样思考的生物是人类；事实上，所有其他生命形式都会为了存活更久而拼尽全力，这是他们不妥协于死亡的标志。纵使瞪羚感觉到自己身处母狮的利爪下，她也依旧会拼命蹬腿，试图逃跑。在这一意义上，布雷多提重新设立了人类在死亡面前的特权。尽管她认为她的框架"意味着通过情动，而非认知来接触世界"(139)，但显然只有认知——尤其是人类拥有的高阶意识——才能实现她所推崇的与死亡的和解。那么，有人可能会好奇，她为何要提出这一理念。我猜测，这样是为了调解她对主体可持续的坚持和对德勒兹范式的执着之间的矛盾。这就是维持平衡的代价：个体消失，但又在德勒兹式的流动和强度中重现，而因此我们不得不接受那是另一种形式的"我们"。

针对格罗斯和布雷多提表达的立场，非意识认知提供了另一种解释。在这里，主体涌生而无须表明自己能免疫流动和强度（格罗斯的考量），也不必要求活的人类主体在不超越解体临界点的前提下达到平衡（布雷多提的强调）。此外，如第一章所述，大量实证证据显示，产生非意识认知的神经结构在动物王国广泛存在，包括但绝不限于人类。

当然，要判断一个推论或意识形态的立场是否得到实证支持是很复杂的，因为为了得出这些结论所需的推理链中必然包含大量假设，关于什么组成了证据，需要引出何种验证标准，等等。尽管如此，我还是认为获得实证支持的立场一定比缺乏实证的立场更好；否则就如拉图尔所说,将无法区分真实情况和意识形态驱动的幻想。不令人惊讶的是,德勒兹范式并不特别(甚至完全不)注重经验证实,而是倾向于拿"皇家科学"(royal sciences)说事。按德勒兹和瓜塔里的话说,这有关抽象法则和一般原理的发现,与"少数科学"(minor science)相反,后者关注异质的物质,采用奇技淫巧般的方法研究流动和其他难以数学化的现象(Deleuze and Guattati,1987,398-413,esp. 413)。非意识认知颠覆了这种区分,因为本质上它很难测量,却拥有大量的实验证据(参见 Lewicki,Hill,and Czyzewska)。它打通了主流"皇家"与边缘化"少数"之间的鸿沟,挑战了大多数人类行为受到意识驱动的观念,同时不要求我们接受"少数"或边缘比"皇家"或主流更优越这一充满意识形态意味的假设。

力

"力"(force)在德勒兹范式中很常用,但少有对其更准确或具体的界定。在德勒兹的世界观中,力是一个关键概念,因为如果主体缺席,能动性一定位于别处,于是"力"就成了一类无能动性的能动者,它是驱动性的欲望,产生也参与"agencement"(通常译为"系综",assemblage,这一英文译法始终面临着遗失德勒兹式强调事件性的风险)。比如,格罗斯写道:"众多主动和反应性的力之间的活动,它们没有能动性,或由所有能动性和身份构成。也就是说,需要在完全亚人类或超人类的回响中理解力:作为非人类……既让人类成为可能,同时将人类置于这样一种世界,其中力的作用独立于人类却又围绕着人类,在人类内部却又作为人类。"(2002,467)

尽管这段论述十分雄辩，但它对"力"本质的描述依旧极不准确，也没有区分不同种类的力，尽管这种区分已经在多个科学领域中得到广泛的探究。例如，在帕瑞希提出的原子和分子层面，已知四种基本力：强力、弱力、电磁力和重力。在化学中，其他种类的力在溶液和悬浮液中作用，使极度不平衡系统中自组织（self-organizing）动态的出现成为可能。帕瑞希常常援引这种语言，但并未强调稳定系统的重要性，其动态可用线性微分方程表示。如果能够通过这些方程准确预测一个系统的行为（比如向月亮发射火箭，或者在特定天气情况下刹车），那么我们就能了解到很多信息。

帕瑞希等人对非线性动态的青睐通常与不可预测性相关，也因此暗示所谓科学的无能，无法充分应对这些系统。这忽略了新兴模拟科学（simulation science）领域的重要性，它为混沌、复杂的系统建立模型，并得出系统行为方式的可靠结果（帕瑞卡对虫群等其他群体行为的计算机模拟抱有巨大兴趣）。此外，由于"力"的模糊性，新唯物主义略过了一个对它来说很重要的问题：物质力之间的差别。一些物质力的活动是确定的，因此能够通过计算相关力的总和得出精确结果；另一些力关系到自组织、混沌和复杂动态，其活动导致趋向复杂结果的涌生，包括生命和认知。在这一组别中，适应性和非适应性系统之间又存在关键差别。化学中的贝洛索夫—扎鲍廷斯基化学震荡反应和细菌的内共生历史都是自组织系统的实例，但细菌具有适应性，能够随环境变化而变化，而贝扎反应虽然在其创造的多种视觉呈现中不可预测，但却不具备同样的适应力。

在将能动性归于非人力时，这种类型的区别至关重要。举个例子，向窗户扔一块石头，在打碎玻璃的瞬间，可以说石头扮演了能动者;在这种情况下,它的运动轨迹和力是完全确定的,只要知道相关变量的数据,就能精确计算出结果。雪崩则展现出另一种能动性,能够杀死人类和其他生命,释放出惊人规模的能量。与丢石头不同的是,它涉及临界点,这意味着很难甚至不可能准确预测它的发生时间。但这种能动性也不是有意图或神秘的;在已知所有相关变量的情况下,可以通过建模来达成合理的行为预测(地震亦然,模型可以大致预测可能发生地震的震源和强度范围,但现有模型尚且无法准确预测发生时间)。也有其他系统能动性的例子能够实现自组织动态;这里也许会浮现出真正令人惊讶的结果,最有力的证据就是地球行星史中百万年前生命的诞生。可以说这些例子都展现出物质过程的能动性和非人力的重要性,但若无法更准确描述其中涉及的动态和结构类型,这样概括只会让人感到索然无味。

那么,当我们了解了不同种类的力和它们所具有的能动性,为什么还要如此模棱两可地讨论"力"呢? 一旦运用上文术语讨论能动性,驱动德勒兹范式的"力"的神秘效果就会变成一系列已知的能动性。即使不同种类的能动性得到承认,仍存在对其中一些的偏重,包括带来复杂性和自组织的能动性(比如在帕瑞希的论述中可见),重视非线性而不是线性、不平衡系统而不是平衡系统的能动性,可能只是因为这些力能产生新颖的、出乎意料的结果。这些非线性系统正是生命的起源。如此一来,人们有理由怀疑这些倾向中隐含的轨迹,将生命优先于非生命,复杂和适应性优先于简单和确定性。但是,这一结果被去人类中心和赞美非生命也完全具有能动性的总体目标所禁止。如果不更深入具体化各类能动性和力,这种矛盾意味着对某一种类型的力的偏好,成为一种意识形态的选择,而非实证性的结论。

　　非意识认知框架与大多数新唯物主义框架的不同之处在于，它明确了多层级的结构、动态和组织（即"力"），跨越人类、动物和技术领域。框架中隐含对认知整体的强调，认为认知很重要，值得一探。的确，通过论证非意识认知，该框架的目标是*增加*可被视为认知性的行为，尤其是不涉及意识的行为。那么在这一意义上，可以说它扩大了认知的范围，它涌生于但又异于作为其基础的物质过程。现在，为了进一步探究这种研究方法的优势，我将转向新唯物主义的另一个关键话题——转化。

转　化

　　转化在新唯物主义话语中尤其得到高度重视，背后有多重原因：期望政治局面内部的建设性改变（Grosz；Braidotti）；一个更温和、更生态友好的世界，不再以人类为中心（Parisi；Shukin；Bennett）；开放人类自身有效改变的可能性（Braidotti；Parikka）。这些目标重要且有意义，在物质过程中定位能动性无疑是有趣的可能性，更何况在非人类行动者中定位能动性听上去尤为诱人。然而，目前地球上最强的转化力量无疑是人类能动性和人类干预，其影响表现为气候变化，全球范围内非人类动物栖息地的丧失，以及人类世概念的出现。事实上，人类活动正在释放出我们远远无法控制的力。

　　这样看来，关于转化的讨论似乎不可避免地涉及对人类能动性的认可，以及最近在技术物件中呈指数增长的非意识认知。简·贝内特（Jane Bennett）是新唯物主义者中受德勒兹影响较小的一位学者（尽管她曾提到过他，并使用一些他的词汇），她在引用贝尔纳·斯蒂格勒

(Bernard Stiegler)时指出技术和人类的互相渗透。我在别处论证过(Hayles，2012)，这种互渗不仅适用于更新世初期诞生的人类物种，也适用于当下，尤其当深度技术化的基础设施影响着一切，从人类方向导航，到网络阅读激活的神经结构。

　　关于互渗，贝内特（2010）提出过一个重要观点，即人类能动性总是分布式的，不仅限于身体内部的意识和非意识官能，也分布于身体和环境之间。她的例子包括可食用物质（通过营养影响身体）、矿物质（比如通过骨骼形成）和虫子［最新研究表面，这些"微小的能动性"（96）体现在森林到草原的转化中，贝内特并未特别提及这个例子］。她还推测，"典型的美式饮食"可能"导致进攻伊拉克的宣传更易受到广泛接受"（107），显然她想在多层级分析中建立联系，但她对物质过程的关注使得该观点几乎无法求证，甚至无法深入探究。如果将非意识认知纳入版图，尤其考虑到无人机、无人驾驶自动交通工具（UAVs，unmanned aerial vehicles）和其他技术设备，能够帮助她填补实例和猜想之间的鸿沟。

　　总结来说，对物质过程的强调不应是分析的终点，而是多层级方法的一个重要组成部分，分析对象从非有机体到有机体，从非人类到人类，从非意识到意识，从技术到生命。尽管许多新唯物主义者可能会反对过度强调内行动分析中的"实体"方面，从而造成物质过程的贬值，但完全停留在"事件"方面只会无视重要的生命特征，尤其是生命体随着时间流逝建立耐受的能力，建构环境和与之互动/内行动的能力，其发挥的能动性不光是涌生性的，也是有意图的，甚至在非意识状态下。或许单一方法无法覆盖以上全部内容，但非意识认知能为大多数现有的新唯物主义分析提供它们分析中缺失的重要部分。

从政治角度来说，非意识认知给予技术物件相当于一种世界观的特权，这样将它的行为与传感器和执行器的本质联系起来，后二者一起构成和定义了它的能力。[①] 生命体（个别特例除外）必须被逆向地理解（比如演化过程的逆向工程），而技术物件却是被*制造*出来的。除却涌生结果（需要精心编排才能成功的特殊情况），每种技术物件各有一套具体的设计来决定它的行为方式。当它们接入网络，与人类搭档互动/内行动，出现意想不到结果的可能性将呈指数级增长。

德勒兹范式的贡献，在于它着重认同非生命技术物件也能够创造惊喜、新潜能和变异系综。非意识认知框架提供了一条不可化约的实证方法路径，一方面关注人类认知能力，同时准确分析相关结构和组织，一方面坚持非人类也拥有它们自己的认知能力。这并不完全是新唯物主义、活力物质、不可感知性或游牧式主体性，而是一种建立在科学技术知识基础上的范式，力求转变人类在世界中位置的传统观念。

[①] 在这一方面，我对技术客体的研究方式类似于媒介考古学，其定义可参见沃夫冈·恩斯特（Wolfgang Ernst）的《记忆与数字档案》（*Memory and the Digital Archive*）（Minneapolis：University of Minnesota Press，2012）。

第四章　意识的代价：汤姆·麦卡锡的《记忆残留》与彼得·沃茨的《盲视》

如果说赞颂美好意识的声音是明亮的主旋律，那么（被意识本身）质疑意识是否过誉的声音就像是铺垫在幕后的暗黑和弦，贯穿了整个西方思想史。在 19 世纪末和 20 世纪初，超现实主义等运动和自动化写作等实践，都试图打碎意识的表面，任由一些其他东西——不那么理性，也不那么追求连贯性——涌现。20 世纪末，这种趋势开始锋芒毕露，针对脑损伤等神经异常现象的神经科学研究开始磨刀霍霍，也得益于诊断技术的改善，尤其是正电子发射断层摄影（PET）和核磁共振（fMRI）扫描。记述神经缺陷的流行文本，如奥利弗·萨克斯（Oliver Sacks）的《误把妻子当帽子的男人》（*The Man Who Mistook His Wife for a Hat*，1998），以及安东尼奥·达马西奥（Antonio Damasio）的《笛卡尔之谬：情感、理性和人脑》（*Descartes' Error*：*Emotion*，*Reason*，*and the Human Brain*，1995），都引发了人们对非意识认知过程的关注，它在支持正常人类行为中扮演了关键角色，同样也使人们注意到意识的无能，即便被剥夺这些资源，它也会像什么都没发生过一样继续运行。

随着这些观点在文化界蔓延，作家们开始紧跟脚步，探索意识的缺陷，相关作品包括理查德·鲍尔斯（Richard Powers）的《回声者》（*The Echo Maker*，2007）、乔纳森·莱瑟姆（Jonathan Lethem）的《布鲁克林孤儿》（*Motherless Brooklyn*，2000）、马克·哈登（Mark Haddon）的《深夜小狗神秘事件》（*The Curious Incident of the Dog in the Night-Time*，2004）、R. 斯科特·贝克（R. Scott Baker）的《神经幽径》（*Neuropath*，2009）和伊安·麦克尤恩（Ian McEwan）的《恒久之爱》（*Enduring Love*，1998）。评论界也紧随其后，提出"神经小说"（neurofiction）的文学范畴，史蒂芬·J. 伯恩（Stephen J. Burn）主编《现代小说研究》（*Modern Fiction Studies*）杂志的特刊《神经科学与现代小说》（"Neuroscience and Modern Fiction"，61．2，Summer，2015）专门对这类文学的特点进行了探讨。

在涌现的大量作品中，两部小说脱颖而出，它们敏锐地分析了意识的代价，探索它们的文化、经济、演化和伦理内涵：汤姆·麦卡锡的《记忆残留》和彼得·沃茨的《盲视》。《记忆残留》讲述了一个无名叙述者的故事，在发生一场没有明确交代的意外后，他丧失了非意识认知的能力。《盲视》则将叙述范围扩大，再现了意识的异常形态，探索了智人（及其他地球生命形式）拥有意识后，在演化的漫漫征途中面临的风险。这两部作品都深受当前神经科学研究的影响，但并不仅仅只是跟随科学的脚步。它们对意识后果的审视远远超过科学的揭示，尤其探索了其现象学和文化维度。两部小说共同强调了非意识认知的重要性，《记忆残留》描述它的丧失，《盲视》则想象出一种外星生物，它们的科技水平远远超过地球,但完全不具备意识思维。二者共同展现出,当高阶意识的至高地位动摇时,传统西方文化中被认为理所当然的假设将遭到强烈的颠覆甚至否定,包括它与真实的关系,它赋予(人类)生命意义的能力,它对理性行动者经济理论的认同,它与先进技术发展的纠缠,以及它赋予人类的优越感,视自己为这颗行星(及之外)认知层面上最高级的物种。

《记忆残留》:意识 VS 顽强的物质力量

《记忆残留》中有关事故的背景介绍模棱两可,只有两个细节被特别清晰地指出:叙述者神经受损,并得到 8500 万英镑的赔偿。尽管我们不清楚具体伤情如何,但知道他的右侧身体失去运动控制(因而大脑左半球受损),然后接受治疗,"经过重置[路线]"(re-routing)(19)神经突触网络,才能够重新活动四肢。尽管一些身体功能得到了恢复,但仍然无法回到我们大多数人熟悉的自然流畅。

奥利弗·萨克斯(Oliver Sacks)详细描述了"离身女士"(Disembodied Lady,1998,43-54)的案例,她失去了肌肉运动知觉,只能通过将意识集中于她想做的动作,方能驱动身体,仿佛一个傀儡师在操纵自己的傀儡身体。她描述自己就像受到"脑髓穿刺"(pithed),类似于小说中叙述者的例子。叙述者一次又一次在脑海中模拟他想要完成的动作,大概希望以此训练突触网络,填补创伤带来的功能障碍,但每当他从模拟迈入现实,摸到他在想象中无数次拾起的胡萝卜,发现它实际上却令人厌恶——坑坑洼洼、粗糙多毛、充满(他如此感觉)可憎的能动性。"我的死穴:物质,"①他评论道(17),这一论断狭义上描述了事故

---

① 译者注:小说译文均参考上海译文出版社 2015 年版《记忆残留》。

中意外撞上他的物体，而在更广义的隐喻层面上，暗示了侵扰和主导他生活的挣扎。

这种挣扎呈现的形式强烈表明事故的另一受害者是非意识认知。它被踢出循环之外，于是意识必须尝试完成那些通常由非意识认知承担的工作，包括发现和推断规律，将躯体标记整合为连贯的身体表现，以及融合多种时间和空间事件使它们保持同步。当然，非意识认知的主要功能是防止意识过载，毕竟后者速度缓慢，且信息处理能力有限。因此，非意识认知的缺席，意味着意识总是在信息过载的边缘徘徊。

当身体和世界的联系日渐薄弱时，叙述者的意识寻求越来越多的控制作为补偿，以至于达到执念的地步。巨额赔偿金允许他开始实施他的"情景再现"（re-enactment）。情景再现上演了一种对抗，一边是不可预测的、持续变化的物质世界，一边是叙述者通过再现可控情景，努力将之扭转成他可以"捕捉"（capture）的熟悉模式。他从自己的身体开始，不断练习乏味的动作，比如反复打开冰箱门，直到衬衫以一种特定的方式掠过橱柜边缘，或者顺畅但又不那么轻易地打开门，如此种种。当他成功以"正确"的方式完成动作，作为奖励，他的脊椎会感到一阵刺痛，同时伴随一些其他身体信号，让他觉得自己在那一瞬间真正活着。他对重复的痴迷，看上去是在试图人为创造大脑模拟模型，根据劳伦斯·巴萨罗（2008）的观点，这种模拟对于正常人类功能起到关键作用。① 因受伤而无法通过内部神经处理完成动作，主人公便试图将之外化，尽管他很快发现这样只能拙劣地替代自然做法。他

---

① 非常感谢芝加哥大学出版社的一位匿名读者提供的这一洞见。

收获的感觉总是稍纵即逝,随着它的逝去,他便尝试通过费力的重复和情景再现来重新描画它,与此同时也变得越来越古怪。

除了动觉流畅性,叙述者似乎也丧失了共情的神经能力,也许是由于镜像神经元的损伤造成。① 由于这一点,以及从天而降的财富,让他可以雇佣"员工",将他们当作私人奴隶一样使唤——情景再现者、布景设计师,以及最重要的纳兹鲁·拉姆·维亚斯,来自"英国时间控制公司":"纳兹鲁就是我一切行动的协调者。他让我的那些想法得以开展。"(67)叙述者无法通过具身行动体验与世界的联系,他试图通过意识内省来重建联系,因而当他第一次见到纳兹鲁时,在他的要求下,纳兹鲁打了一通电话:"我在脑中想着一个三角,先从我们的餐桌到太空中接收信号的卫星,然后从卫星再把信号传送到'时间控制'公司的办公室。"(87)当叙述者偶遇街道底下铺设电线的工人,想到他们连接的线路,于是宣告他们"比婆罗门更高贵:是神,为这个世界铺设好线路,再把它们盖上,掩埋好它的路线和连接点"(120)。

如果说叙述者展现出非意识认知缺席时意识运作的结果,纳兹鲁则代表意识的认知范式,它操纵形式符号,仿佛完全独立于具身行动和模态感觉的输入。当叙述者向纳兹鲁解释他想要什么时,纳兹鲁"转动大脑处理这些信息的时候,他的眼睛会放空。我等了一会儿,直到他的眼神告诉我可以继续"(89)。结合起来,纳兹鲁和叙述者代表了人类认知的一种视野,正在逐渐噩梦般地增长:行使理性而无同理心,脱离非意识认知的决策,以及不通过嵌入世界创造联系而采取的行动。

---

① 这在生理学上是否成立是一个悬而未决的问题。麦卡锡聪明地避免了确切描述主角的伤势,而是让读者从主角的行为中自行推断。

（重新）生成意识的官能障碍

促使主角第一次情景再现的契机，是浴室墙上的一道裂缝，这表明他的行动是随机性和过度精确性的古怪组合，好像一边进行约翰·凯奇（John Cage）式"随机操作（chance operation）"①，一边咀嚼安非他命。他的想象从裂缝上延展出来，幻化出一整座建筑，一团杂乱的记忆，二手逸闻趣事和奇幻的邂逅。比如，我们知道他下达布置庭院的命令时，没有参照自己的经历，而是朋友凯瑟琳儿时回忆中的一个地方，这让她感到最为真实："那里有秋千，在一块水泥地上……还有一个凸起的平台，一个木质平台，就在秋千右边几英尺远的地方。"（76）叙述者挪用了她的叙述，重建出一模一样的场景（122）。

面试情景再现者时，他根据自己的想象选择每一个演员，并仔细叮咛他们具体该怎么表演。如果他脑中没有具体的形象，比如大楼的门房，他便要求演员戴上白色曲棍球头盔遮住脸。在指导"煎肝片老太太"的情景再现时（之所以叫这个名字，是因为他命令她整天煎肝片），他无法决定她到大厅丢垃圾袋途中与他相遇时应该说些什么，因此"硬想也想不出来，我又不想简单编一句，于是决定就让她随便说一句什么"（143），那些在他支配之下的行动和言语似乎显得不那么武断。这场由他严格控制的表演，看起来好像有某种先验现实存在于他追寻的法则之下，但这样的叙事裂缝（隐喻地使我们想起卧室墙壁的

_____

① 译者注:约翰·凯奇是美国先锋派音乐的领军人物，主张音乐的随机操作，曾抛硬币算卦作曲。其最为著名的作品《4分33秒》是一首无声音乐，听众只听到了音乐厅的环境声。

裂缝)体现出决定性的力量并非来自别处，只是他意识中涌出的片段和叙事，而它们本应是虚构的。

有关这种虚构性的线索在书中各处都有体现，比如描写主角和纳兹鲁初见的一段："他的长相和我想象中完全一样，除了有一点点不一样之外，但是我本来就猜到会有一点点不一样。"(85)小说偏后部分，叙述者正全神贯注于细枝末节，这时纳兹鲁打断了叙述者，传达他认为重要的信息，惹得叙述者大喊："不！""你听着，纳兹鲁：我决定什么才是重要的。"他继续道："我能看到他将我刚刚说的话输送到他的数据核对器，判定我是对的：确实由我决定什么是重要的。没有我，就没有计划，就没有'须知'图标，就什么都没有。"(272)在这里，意识似乎实现了它的梦想，不仅叙述世界，而且作为独裁者，从一开始就决定什么才能被叙述。在这重意义上，《记忆残留》夸大地展现了可以说是高阶意识的帝国主义，放大它坚持唯我独尊、掌控一切的噩梦般的比重，仿佛是人类能动性的唯一创造者。

在本书第二章引用的一个段落中，安东尼奥·达马西奥指出意识倾向于关注个体，将其作为行动的中心："我认为意识……先入为主地将关于世界的想象限制在与个体有关……在这一术语的广义上讲与自我有关。"(Damasio，2000，300)对于自我的关注，与内在于自由主义意识形态、资本主义和环境掠夺的个人主义有关，以至于意识——尤其是高阶意识——参与和帮助巩固了消费主义文化的放纵。在《记忆残留》中，这一过程被夸张地表现为病态的执念。没有非意识认知的缓冲，叙述者只能在世界中独自行舟，他的意识试图实现对环境的完全控制，结果自我膨胀到怪诞的程度。随着他执迷趋深，自我欲望被当作绝对法则，而不考虑其他任何人付出的代价。

　　这一过程的经济学原理一目了然：主角只是购买计划所需的"员工"，发放不菲的工资和奖金贿赂其他人。在这一意义上，他是一个经济学上绝对理性的行动者，令他人臣服于自己的意愿，从而获得纳什均衡矩阵中高于其他所有人的（心理）回报。他散尽钱财（他视金钱如粪土，并且对财富多少只有模糊的印象），只为换来无条件的服从。比如，一位情景再现者在庭院里摆弄摩托车，不小心溅出一些油渍，于是叙述者告诉他保留油迹，因为"晚些时候我可能要画下来它的样子"（144）。"画下来？"情景再现者问，这惹恼了叙述者，"我没必要给他解释'画下来'的意思。我想让它是什么意思就是什么意思：我花钱雇他就是让他听我的吩咐。蠢货。"（144）在另一场景中，叙述者震惊地发现钢琴家偷偷走上楼梯，与此同时还能听到他的公寓传来琴声。他吃惊地向钢琴家讨个说法，钢琴家只得窘迫地承认他录制了自己弹奏的钢琴曲，在他出门办事时播放。尽管录音给叙述者带来的感官刺激和现场演奏相同，主角仍然"因抓狂和眩晕而变得煞白"（157），他命令纳兹鲁："要狠狠地教训他！狠狠地！伤害他！"然后修正措辞，"不是真的肉体上的伤害，我是说"，再模糊地加了句，"我猜"（159）。后来他这么评论："我可以不受这些规矩的束缚［他自己独断施行的规矩］——其他所有人都得遵守，除了我。"（225）

　　如果像马克思所说的那样，资本主义异化了工人与劳动活动，那么叙述者使用金钱的方法，异化效果远胜于工业时代的强盗男爵。他要求情景再现者连续几个小时无休无止地完成让人思维麻木的劳动，甚至得不到生产有形商品的满足感，只是暂时缓解了他对重复模式贪得无厌的渴望。"通常，我把这个大楼的*上线模式*时间定在6—8小时之间，"叙述者说。"有时也会连续工作5个小时"（161）。他热衷于自己的重复动作,会花一整天时间练习用身体擦过水槽。他有时忘记让房子下线,可怜的情景再现者们只能硬挨着。

拖延时间

叙述者得到的满足感稍纵即逝,他必须时不时作出微调,寻找全新的可控领域。他的控制欲首先通过他委托搭建的大楼模型得到满足,他将各种角色玩具安置在模型中,然后在现实的大楼中完成复刻。举个例子,他放在模型中的摩托车爱好者人偶跪在地上,故他要求摩托车情景再现者先跪在路面,之后跪在秋千上,让现实对应模拟——这个显著的动态扩大到不祥的程度。在充分发挥大楼模型的价值之后,他变本加厉,契机是去一家店修理车胎。他在那里遇到 3 个小男孩,然后问其中最大的男孩"真人"①都去哪了,男孩回答说:"我就是真的。"(168)之后,叙述者要求在飞机库里精准地复制这个商店场景。再现修轮胎情景后,他这样报告:"我有了一种奇妙的感觉。在第一次情景再现时,煎肝片老太太在大楼楼梯间对我说出那句对白后,我感到的是流畅的感觉。在一些别的情境下,我感到的是蔓延在身体右侧的一阵麻刺感。但现在这种感觉却介于这二者之间。在我听到男孩拖沓地说道'我——就是——真的'的时候,这种混合的感觉变得更加强烈。"(177)此时他的感觉达到顶峰并不是巧合。叙述者在小说后部解释,他情景再现的唯一目的,"就是让我能流畅、自然地与行动和物体融为一体,直到没有什么能够将我们分开:不需要先理解、学习,不

---

① 译者注:原文"real people"直译为"真人",指"大人都去哪了"。

需要'二手'地模仿,不需要内省,什么都不需要:而是直达事物本身。为了追求真实,我已经走了这么远。"(247)

叙述者失去非意识认知的快速信息处理能力,无法让意识加快至其滞后性允许的速度,于是他只能强行让世界变慢。他对钢琴家解释,希望他"以正常速度开始——不,以正常速度的一半开始——当你慢下来,当你弹到最慢的部分,就按住和弦,尽量延长它的音"(224)。对于受到命令保持不动的门房,他说:"现在我想要你更缓慢地什么都不做⋯⋯'我的意思是,'我告诉她,'你应该思考得更慢。不仅要思考得更慢,而且对周围的事物反应也要更慢。所以,如果你要在面罩里转动眼睛,就要慢慢地移动,心里想着:现在我正在看墙的这一小块,还是这一小块,现在很慢很慢地、一点一点地挪到了旁边的这一部分,现在我看到了门的边缘,但我不知道这是门,看到了这一块因为我还没有时间看出来——想这些事时也要非常慢'。"(224)他偏执的本性愈演愈烈,当他发现阳光照射大厅地板的时长和他之前的观测不一致时,甚至向员工总管安妮和弗兰克抱怨:"阳光照得不对。"(224)安妮一开始没明白,过了一会才搞懂他的意思,告诉他时长的变化是因为已经过去好几个礼拜,而"太阳照射的角度已经和那时不一样了"(229)。尽管主角试图迅速掩饰自己的失态,但这足以表现他对环境的控制欲达到了何种程度。

这也含蓄地表明,降速指令仅限于他的"员工",那些他雇来差遣的人。在更广阔的世界,他需要另一套策略,叙述者在球场上听到教练对球员训话时发现了这一策略,"慢慢来,每一秒都慢慢来"(238)。"这个建议挺好,"他突发奇想,开始练习放慢自己的感知,无限延长每一个瞬间,直到他能轻松地穿梭其间。如我们所见,非意识认知发挥的功能之一,是整合分散的时间事件(100 毫秒内在几个不同地点发生),而使之感觉上同步。叙述者的意识在缺乏非意识机制的前提下运作,能自由地完成它自己版本的时间控制,在决定性瞬间放慢行动,好像现实就是一部在他脑内放映的慢动作电影。

有了这套策略,叙述者立刻在两个方向展开行动——一面进一步情景再现,雇佣越来越多的演员情景再现已有的情景再现者,无限回归,同时更深入现实世界,模拟和真实开始融为一体。随着细节操作越来越复杂,没有非意识认知的帮助,他的意识已经在过量的信息处理面前不堪重负,开始时不时彻底短路,他不断飘入"恍惚"(trances)中,意识中断持续几小时甚至几天。纳兹鲁为了满足叙述者日渐膨胀的野心计划,只得调用越来越多的计算能力。叙述者评价道:"我几乎都能*听到*他头脑飞速运转的声音:在不停地运算,他所有的先辈、一排排的办事员、抄写员、精算师,还有他们的打字机、分类账、计算器都在纳兹鲁的大脑中汇聚成巨大的体系,亟待执行更重大的命令。"(234-35)面对叙述者的终极计划——假装上演抢银行情景再现,同时真的抢银行——纳兹鲁在叙述者眼中变得"沉醉了:深受感染,不断地被向前驱策着,就因为我的这些工程为他打开了一扇信息管理的大门,一次比一次复杂、一次比一次挑战极限,就使他渐渐达到一种心醉神迷的状态。我的执行官。"(235)"谢谢你,"纳兹鲁答道;"我以前从没管理过如此多的信息"(235)。

创伤上瘾

随着叙述者的意识越发不稳定,他心理的一部分分裂出来,重新表现为一个以腹语形式出现的矮个男人，纳兹鲁视之为区议员(239)，但他同时也是虚幻的存在，负责客观地传达叙述者的想法和处境。叙述者说自己闻到了无烟火药的味道(238)，这正暴露了角色所说台词只是幻觉的事实，只有叙述者在某些情况下注意到这个气味，但周围其他人都没有察觉。在这种叙事下，幻觉意味着叙述意识能够觉察自身的失能，故创造出臆想，为叙述者的现象学体验和他追求越来越妄想的目标之原因提供了准确的解释。从叙事之外的角度看，作者通过角色塑造，随着叙述者越发深陷失能，为读者提供了解释。当主角的感知与(假想)读者关于世界的常识经验愈发大相径庭，作者就面临着在读者面前失信的危机；"矮小的议员"正是通过协调这两种视角，将它们缝合在一起，从而防止失信的可能性。叙述者第一次经历"恍惚"时，纳兹鲁找来一位特里威廉医生，他解释受到创伤的大脑自己生成内源性阿片类物质，实际上将受创伤者变成一个彻头彻尾的瘾君子，因此他会不断返回创伤源，寻求下一次治疗(220)。

真实的模拟

但这些解释仍然无法完全掩盖叙述者日渐疯狂的行为。他读到一起银行抢劫案，首先要求情景再现，但随后做出了一番"天才飞跃"："飞跃到另一阶段，这一水平包含、吞并我迄今为止行事所达到过的所有阶段。塞缪尔斯对排练随便的评论为我打开了通向那一阶段的大门；将三堆沐浴泡沫推到一起，以及由此带来的启示，都将我推向了更高的阶段。是的：将情景再现挪出划定区，投回到世界中来，投进真正的银行里，连银行员工也不知道那是情景再现：这会使我的动作和姿势回到零点位置、零点时刻，回到情景再现与事件融合在一起的那一点。这会让我穿透进去并进驻到事物的核心，天衣无缝、完美真实。"（265）这一计划中的矛盾修辞想必会为鲍德里亚（1995）所钟爱：真实的情景再现，或情景再现的真实。纳兹鲁立刻注意到计划的组织问题（却令人震惊地对伦理问题视而不见）：要避免银行劫匪的情景再现者们意识到，叙述者打算过渡到一场真正的抢劫。为了杜绝后患，他提议抢劫之后把全部"员工"和情景再现者送上一架飞机，并设计让飞机爆炸，而他和叙述者乘坐另一架飞机逃之夭夭。

当然，叙述者梦想中的完美状态是遥不可及的，因为总不可避免地存在"residual"（矮小的议员使用的词汇，叙述者听到后要求纳兹鲁查词典）：一种残留（remainder）。耐人寻味的是，导致被复制的银行抢劫出现重大差错的残留并不在场，而是缺席的。在抢劫演习中，演员们经过一块带褶皱的地毯，叙述者带着一贯的严谨周密，力求原封不动地复原这一细节，于是甚至在地毯下塞木片保持褶皱。然而，在被复制的抢劫现场，地毯上没有褶皱；"地毯是平的"（290）。主角这样描述当时发生的事情："我看到他的脚摸索着寻找褶皱，摸索的范围更大了，当他的身体其余部位都向前移动时，脚却留在了后面。身体其余部位移得很远，最终猛地把脚拽向了后面的上空中。"（290）这"幽灵褶皱"造成了一系列可怕的事件，先是一个劫匪情景再现者意外开枪射中另一个情景再现者，然后叙述者逃离银行，跑到废弃的飞机棚里复制这一事件。他描述自己的行动"几乎是出于本能，是条件反射"，但之后又承认，"但如果我说自己仅仅因为这一点就扣动扳机，朝二号［那个幸存的情景再现者］开枪，那我肯定是在说谎。我开枪是因为我想开枪。"（299）

"幽灵褶皱"可被理解为缺席的在场。从更大的意义上说,它的功能不仅是一系列事件的触发点,而且整个叙事隐约透露出非意识认知的缺席。非意识认知的缺席导致叙述者产生了不真实感,他的意识试图弥补非意识认知的缺失,而这也促使他采取越来越极端的措施以追求真实感。在这种意义上,与标题同名的"残留"指涉的不仅是不可控物质的反抗,更是反抗的不可控物质,也就是意识本身。失去支持系统的意识,拒绝接受自己作为认知整体断裂受损且无法修补的残留状态,挣扎着试图弥补从未被提到的缺席部分,但其鬼魂一般的存在却主导着整个文本:这就是认知非意识。

《盲视》和神经科学

在《记忆残留》中,有关神经科学的提及大多十分隐晦,但在《盲视》中它们的戏份却多得多。确实,沃茨有时依赖于"信息倾倒"(infodumps),为启发读者而加入一些解释;他甚至附上了自己参考的神经科学研究文献。不出意料,书中的角色"综合观察者(synthesist)"①席瑞·基顿,使人联想起《记忆残留》中的叙述者。《记忆残留》中,主人公因为事故神经受伤,而席瑞则经历过一次彻底的大脑半球摘除手术,这是一种治疗失控癫痫的极端方法。结果,他丧失了共情能力,基本依靠理性计算行事。比如小说开篇揭示,(手术后的)小学生席瑞看到朋友罗伯特(罗伯)·帕格里诺在操场上被校园恶霸们殴打,遂决定拔刀相助。他出其不意地打败了恶霸们,却对自己

---

① 译者注:翻译参考四川科学技术出版社 2013 年版《盲视》。

造成的伤害和他们的痛苦毫无恻隐之心。尽管罗伯受到帮助,他却对席瑞的残忍感到震惊,之后称呼他为"套中人"(Pod-man)(58)。

席瑞和《记忆残留》的叙述者一样,也通过补偿策略弥补行为缺陷,尽管采取的方式截然不同。他成为解读信息拓扑学的专家,包括从微表情和微动作中读取独立于语义内容的意图、感受和动机,类似于本书第五章提到的社会计量的运作原理(不同的是,席瑞通过训练自己的感知来达到目的,而非借助外部工具)。鉴于大多数人对此感到不安,席瑞评价道:"语言模式本身就是有意义的,完全独立于附着在它们表面的语义学内容,这一点大多数人没法接受。只要能以正确的方式操纵生物形态结构,内容就会——就会自动跟过来。"(115)

因为无法感受共情,席瑞的专长显得更加惊人。他将自己的能力类比哲学家约翰·赛尔(John Searle)的中文屋(Chinese Room),赛尔提出这一思想实验来挑战强人工智能。赛尔想象,一个人坐在房间中的一张椅子上,房间的门上有一条缝。外面的人通过门缝,传递一串中文字符给他。这个人不具备中文读写能力,他从脚边装有中文字条的篮子里抽取汉字,借助参考规则手册,选择能够对应接收文字的字符,再将它传递出门缝。他的回复让门外的对话者误以为房间里的人通晓中文,默认他能够理解组成答案的文字。但赛尔认为,这个人就像一台电脑;它可以按照既定规则进行符号匹配,但不理解符号的意义。中文屋挑战得到很多回应;席瑞采用其中最具说服力的一个,那就是通晓中文的不是房间里的人,而是房间整体,包括规则手册、汉字篮,甚至那人坐的椅子。

作为类比,席瑞不能再通过镜像神经元和其他神经功能理解共情,但经过训练和经验(他的协议)的积累,他能细致入微地观察、推理,并从这些数据中得出有关他人感受的结论。他告诉朋友罗伯:"共情并不是想象对方的感觉。它更像是,假如易地而处,想象*你自己*会有什么感觉。"(234)相反,他的方法是通过阅读他人的感受,然后想象他或她的动机。"我不过是观察,没别的,"他告诉罗伯,"我研究别人的行为,然后想象是什么促使他们这样做。"(233)

在这段对话中,罗伯特提出了类似于奥利弗·萨克斯"离身女士"[并没有直接提到 Sacks(1998),43-54]的案例,并这样评价:"其中一些人说觉得自己*只剩核心*,脱离了肉体。他们给自己的手下达一条指令,却感觉不到信号究竟有没有送达,于是他们就以视觉加以弥补;他们感觉不到手在哪里,于是就观察它的动作,用视觉代替你我习以为常的力反馈。"(233)他继续说:"你的*中文屋*类似于他们的视觉。你重新发明了共情,而且几乎是从零开始,在某些方面——显然不是所有方面,不然也不必我多费口舌——但在某些方面你的发明比原版还强。所以你才成了出色的综观者。"(233)

如罗伯暗示,感受共情和*再创造*共情给予的知识,两者之间存在关键区别。有时,席瑞会梦见先前的自我,每当此时,他总是会被此前生活的生动性所打动。"有时候我会——我会梦到他。梦到——变成他……从前它总是——总是五颜六色。一切都更鲜明,你明白吗?声音、气味。比生活更丰满。"(234)沉浸在丰富的感知环境,和从外部再创造它,两种感觉之间的差别,就是德里达式本真性(authenticity)和再建构(reconstruction)之间的延异(différence),它导致《记忆残留》的叙述者生活在混乱之中。对席瑞来说,这个缺陷并没有即刻带来灾难,尽管在一些关键时刻,它会作为决定性力量浮现出来,左右着他的前路。

改造人类(和非人类)意识

沃茨拥有海洋生物学的博士学位,在开始研究人类神经科学之前,很显然已经具备了演化生物学的基本知识,尤其对于非人类物种。他运用这些背景知识和自己的研究,想象出一群远非"普通"超能力者的角色。在让这些角色行动之前,他为他们的互动提供了动机。2082年2月13日,一个外星物种间接造访地球,它们使用光学监视设备网络在视觉上捕捉地球,这些设备可在烧毁前拍摄地球表面每平方米单位的影像,好像给整个地球拍照的闪光灯网络;人们称之为"萤火虫"。为了应对这一情况,地球政府决定组织一场星际探险,去寻找这些外星人。他们拦截到冥王星之外的柯伊伯带一颗彗星的无线电信号,意外发现了外星人的位置。他们随后组建了一支小队,操纵"忒修斯"号宇宙飞船踏上与外星人接触的探险之旅。

小队每位成员都拥有超越人类传统边界的特殊神经能力。阿曼达・贝茨拥有强化碳铂肌肉系统,是受训能够指挥机器战士的军人,按照飞船建造者需要而生产。苏珊・詹姆斯是语言学家,不光接受过无感知能力的大脑移植,而且大脑被分为四个区域,每个区域被一个截然不同的人格占据;艾萨克・斯宾德是个生物学家,他的肢体经过义体强化,他"听到的是 X 光,眼睛里看到的是各种色调的超声波"(105),将实验设备综合到自己的体验中。综合观察者席瑞作为一位"客观"的观察者被派遣到任务中,负责向地球发送报告。最后,指挥官是朱卡・萨拉斯第——一个吸血鬼。

沃茨在《注释和参考文献》部分加入了吸血鬼生理和进化史内容

(367-84)，指出他们拥有超凡的分析技能和模式侦测能力（"所有的超智力"），在视觉、听觉和一般认知能力上远胜于人类。他还想象"吸血鬼失去为原钙粘蛋白 γ—Y 编码的能力，这种蛋白的基因主要被发现存在于人类 Y 染色体上"（368），因而人类成为他们饮食中不可缺少的一部分。为了防止食物资源枯竭，他们建立了休眠（"活死人"）国度，这样能让他们长时间处于休眠状态。吸血鬼在进化中的阿喀琉斯之踵是"十字架障碍"，即"视觉皮层中通常不同的感受器互相交叉"（369），每当他们被呈直角的光束照射，就会癫痫发作（这种形态的光束在自然界中十分罕见，直到人类发现了欧几里得几何）。因为这个原因（也是唯一的原因），吸血鬼灭绝，直到 21 世纪末人类将他们基因重组（就像《侏罗纪公园》）。

沃茨在小队中加入一个吸血鬼角色，生动地呈现了生态位的概念，人类和吸血鬼占据同一个高等认知功能的地球生态位，从而形成竞争。人类在消灭、驯化或圈养保护了几乎所有生态位上其他竞争的哺乳动物，最终站到食物链的顶端。如今吸血鬼复活，而与他们接触的人类却被置于一种罕见的位置，成为更高级掠食者眼中的猎物。尽管文化禁忌阻止复活的吸血鬼吸食人类血液，但这只不过是块遮羞布，无法抹除人类曾无助地成为吸血鬼刀俎下鱼肉的进化历史。即便飞船上的人类，通过各种改造、适应和义体延展了能力，但吸血鬼仍然能将他们秒杀——小队接受吸血鬼作为指挥官时，都不安地意识到了这一事实。但在吸血鬼背后还隐藏着另一种存在，即真正运行飞船的"量子 AI"电脑。"萨拉斯第是官方的中间人"，席瑞描述道。"如果飞船有话要讲，它也只对他说——而萨拉斯第称它为*船长*，"他补充说，"我们也是这么称呼的。"（26）

解读《罗夏》

角色各就各位后,沃茨为了展开情节,便设定他们遭遇外星人飞船,将其命名为"罗夏",这艘船隐藏在大本行星的阴影里,引力质量是木星的十倍。飞船宽度接近 30 公里,它"不仅仅是一个环面,那是玻璃纤维似的物质所构成的一团混沌,城市一般大小,有圆环、连接体和纤细的尖刺"(108)。飞船内部环境对人类而言极为致命,拥有"比太阳强上一千倍"(109)的磁场和足以在几分钟内杀死人类的电磁辐射。此外,周边围绕的航空器不断清理大本行星接近飞船的吸积带:"任何与罗夏相撞的颗粒都再也别想脱身;罗夏不断吞噬猎物,仿佛某种巨大的转移性阿米巴原虫……这个进程一直没有停止。罗夏似乎永无餍足。"(109)这自然暗示着罗夏还在不断成长;它的成熟之日,就是地球的毁灭之时。

萨拉斯第认为时间所剩无多,命令小队突袭罗夏内部,并在可能的情况下采集标本。阿曼达·贝茨是入侵罗夏的战略指挥官,她命令其他队员先躲在防护盾内,自己外出查探。但当队员们试图和她交流时,她的回复却令人费解,"我已经死了"(162),"我没在外头","[我]不在任何地方","我什么也不是"(171)。席瑞看着她的显示面板,说:"我也仍然知道有什么地方不对劲。她所有的表征都消失了。"(162)不久后,斯宾德告诉席瑞,贝茨不仅仅只是"相信"她不存在,而是"知道那是事实"(180)。好奇的席瑞查询了飞船上相当于互动百科全书的"感控中心"(ConSensus),查看所有有关大脑创伤导致的身体和外部世界感知错乱的条目(此处出现信息倾倒,193)。之后,他总结道:"脑干拼尽全力,它看见危险,劫持身体,它的反应速度比楼上 CEO 办公室里的胖老头快了上百倍;可是想绕开这胖子行事变得越来越困难——他就是老迈的神经官僚主义。"(302)

这里提及脑干无法与"楼上""老迈的神经官僚主义"进行沟通,便是沃茨版本作为"盲视"为人所知的神经现象,也是书名的灵感来源。牛津大学的劳伦斯·威斯克兰茨(Lawrence Weiskrantz)是著名的盲视研究者,他跟踪调查一位病人长达 10 年,该病人移除大脑一侧半球视觉中枢 V1 中的小型肿瘤,由此致盲,无法看见另一侧的事物(因为交叉的神经连接)(可参见 Weikrantz et al. 1974)。病人报告说,假如发生突发事件,尽管看不见,但他不知为何能感觉到事件发生。马克斯·威尔曼斯(Max Velmans)这样解释该现象:

> 盲视[是]患者因单侧纹状皮层损伤,导致半边视野失明的症状。在他们失明的半边视野中给予刺激,患者就算全神贯注、集中精力也无法看见。由于看不见,因而他们认为自己无法得知关于该刺激源的知识。然而,如果说服他们通过强制的选择题猜测刺激源的性质,他们的回答可以非常准确。举例而言,在威斯克兰茨等人的实验中(1974),一位被试者在无法看见的情况下,可以准确区分平行线和垂直线,30 次实验无一出错。总结来说,被试者掌握必要知识,但他们不知道自己知道。从信息处理的层面看,这就好像被试者系统的某一(模块)部分获得信息,但无法与系统整体共享(Velmans, 1995)。

忒修斯小队遭遇的外星生命形式,即所谓的"攀爬者"(scrambler),就像拥有盲视的人类一样,它们知道,但不知道自己知道,因为它们没有意识。沃茨令他的角色们猜测,与攀爬者相比,人类生命进化得来的意识,也让人类付出了沉重的进化代价。"我只会浪费能量与处理能力,我的自我中心主义已经发展到了神经病的地步。攀爬者拿这东西毫无用处,攀爬者更悭吝。它们的生化反应更简单,它们的大脑更小——没有工具,没有它们的母舰,甚至缺少了一部分新陈代谢——但它们仍能把你玩弄于股掌之间……它们用你自己的认知能力对付你。拥有摆脱了自我意识纠缠的智力,难怪它们能在恒星间旅行。"(302)

因此,尽管贝茨作为拥有自我的人类进入罗夏,但在极端的外星环境中,她快速地失去自我,暂时成为更贴近攀爬者的存在。她实际上成为"无此人"(no one)①,化约为先于意识自我构建的非意识认知和物质过程。她宣称"我死了",并不意味着有机生命的消亡,而是叙事性自我的终止,当意识停止功能,"我"的拓扑表征也被清理。席瑞理解这一切之后,这样分析贝茨的处境:"当阿曼达·贝茨说'我不存在'时,这话显然是无稽之谈;但当底下的[非意识]进程这样说时,它们不过是在报告一个事实:寄生虫[意识过程]死了,它们自由了。"(304)

尽管贝茨回到"忒修斯"号后找回了自我感,她意识的抹除强烈地暗示罗夏环境下的外星人无须意识就能运作。人类带回一个死去的标本,对其进行了全面检查。外星攀爬者拥有和人类截然不同的神经结构。罗伯特·坎宁汉(斯宾德在一次袭击中阵亡,为替代他而从宇

---

① 沃茨在《注释和参考文献》(378)中声明他阅读过托马斯·梅辛格(2004)的文章,这里的语言明显透露出梅辛格的观点。

宙冬眠中被唤醒的生物学家)宣布攀爬者"没有由神经组织形成的头部区域，甚至没有集中的感觉器官。身体上覆盖着类似眼点或色素体的物质，也可能二者都有……每一个结构都是独立控制的……整个身体就像一片分散的视网膜。理论上讲，它的视觉会清晰得超乎寻常"（224）。他认为外星人"纯粹是进化工程上的奇迹"，但由于没有中枢神经系统，他又断言它"蠢得像根棍子"（226）。

后来，人类在最后进攻中截获活体标本，对它们的检测证明了这一论断是错误的。① 一开始，被抓获的攀爬者们被监测到暗中与同类交流，于是人类决定伤害/折磨它们，逼迫它们就范合作。随后，它们展现出非凡的几何学技能，如果向它们展示数列，它们"已经能按要求预测十位的素数"（265）。坎宁汉认为这不过是"雕虫小技"，但苏珊·詹姆斯得出了一个显而易见的结论："它们有智力，罗伯特。它们比我们更聪明。没准儿甚至胜过朱卡［吸血鬼］。而我们却——为什么你就是不肯承认？"（265）之后她又对席瑞说："它们是智慧生命，这点我们已经知道了。但它们好像并不知道自己知道答案，除非你伤害它们。就好像盲视侵袭了它们的每一种感官。"（274）②

盲视与意识的代价

有关盲视的描述在文本中多处零星地呈现，比如斯宾德向席瑞解

---

① 这里我们可以察觉到对第一章中植物智慧争议的回应。因为外星人在最小脑化指数方面类似于植物，因此他们的能力也被大脑主导的人类大大低估了。

② 注意这里和马克斯·威尔曼斯（1995）对盲视描述的相似之处，沃茨在《注释和参考文献》中引用了威尔曼斯（2003）。

释，他如何在意识视觉感知受到罗夏电磁场干扰失灵的情况下，几乎抓住了抛给他的电池。"接收器官完好无损……大脑处理了图像，却无法使用它。于是由脑干接手。"（170）之后他阐述道："只不过——只不过有种感觉，就这样。感觉到应该把手伸向哪儿。大脑的一部分跟另一部分玩猜字游戏。"（180）盲视代指了所有信息倾倒和《注释与参考文献》部分提到有关创伤和大脑损伤导致的综合征：以不同的方式展现出意识思维的局限，以及将认知单独与意识画等号的不充分性。

沃茨进一步推论，对于没有进化出意识的外星人来说，人类用于描述意识感知、感受和反馈的语言不过是巨大的噪音。"想象你是攀爬者，"席瑞说。"想象你拥有智力，却从不领悟；你有行动日程，却意识不到自己的存在。你的线路嗡嗡作响，满是生存与物种延续的策略，聪明、灵活，甚至很先进——但却没有其他的线路来监督它。你什么都可以想，却意识不到任何东西。"（323）接着，他继续想象人类语言意味着什么。"合理的解释只有一个：某种东西给吆语编码，将它装扮成有用的信息；只有花费时间与精力后，骗局才会被揭穿。这信号的功能就是消耗接收者的资源，在降低其生存能力的同时又没有丝毫回报。这信号是个病毒。病毒不会来自亲属、同种或其他盟友。这信号是攻击手段。"（324）他继而总结，人类和这种外星物种之间不可能和解；"当语言本身等同于挑起战争，你该如何告诉对方我们为和平而来？"（325）人类语言产生于意识，但这一点足以让外星人把人类当作进化上的敌人。

随着意识的代价在当代文化中得到更广泛的讨论（如 Hansen，2015），其他作者也想象语言不是人类物种的非凡成就，比如史蒂芬·平克（Steven Pinker）等评论家也许会这么说，语言是病毒，是疾病，是进化的停顿,终将会被其他传播模式取代,威廉·伯勒兹(William Burroughs)的《裸体午餐》(*Naked Lunch*,1959)和其他作品引领了这一方向。譬如,本·马库斯(Ben Marcus)在《烈焰字母表》(*The Flame Alphabet*,2012)一书中写到一种让父母中毒的儿童语言,他们听着听着就会患病,最终导致死亡。伊莱·霍罗威茨(Eli Horowitz)、凯文·莫菲特(Kevin Moffett)和马修·德比(Matthew Derby)的《寂静历史》(*The Silent History*,2014)描绘了不理解口头语言的一代孩童,不管父母多么努力地教导,他们就是学不会。作为替代,他们通过微表情动作与彼此交流,发展出一套方便孩童们快速简单学习、可彼此交流的词汇。书中一位叙述者目睹了这种交流后发问:"何种未知能力填补了[口头语言缺席的]虚空?省去繁杂的语言干扰,世界是否能变得更明亮、更触手可及了呢?语言的缺席是否意味着某种形式的自由?"(8)我们可以用同样的问题拷问意识。如果没有语言,叙述性的意识会熄声吗?如果会,自我会以全新的方式重新组合,还是直接消失呢?语言是累赘,而不是成就,这一观点说明意识的代价可以如何被用来质询人类例外论的基础,以及传统上它赋予人类的特权,包括培根式人类主宰其他物种及地球的主张。

没有意识的先进技术

沃茨面临的一大挑战,是如何解释外星人在不具备意识知觉的情况下发展出的压倒性技术优越性。他将原因归结于涌生复杂性(emergent complexity)。迈克尔·戴尔(Michael Dyer)是一位专攻人工智能的计算机科学家,也是以前我在加州大学洛杉矶分校的同事,他认为在人工生命模拟中,环境越智能,需要编入能动者的智能就越少,因为环境的结构化特异度使能动者能够通过与环境互动,从而进化产生涌生复杂性。"忒修斯"号上的生物学家坎宁汉提出,外星飞船罗夏和攀爬者之间存在类似的动态关系。他以著名的蜂巢为例进行解释。没有一只蜜蜂事先在脑袋里制定搭建蜂巢的整体计划;它们只是凭直觉转圈,然后喷出蜂蜡,而周围的蜜蜂也在做同样的事。蜂蜡线相互挤压形成六边形,这是填充率最高的多边形,而蜂巢便是涌生的结果。在罗夏一例中,坎宁汉观察发现,攀爬者们就相当于蜂巢,是飞船环境动态的涌生结果(267)。"而且我认为罗夏的磁场根本不是反入侵机制。我认为它们是生命维持系统的一部分,攀爬者的新陈代谢有很大一部分都靠它们调控。"(267)外星人不仅代表分布式认知,也代表分布式有机生命。

在地球上,首先发展出自由存活的独立生命体,然后才创造出技术,而在攀爬者的世界,生命和技术共同演化,它们相互刺激,不断深化互动,带来更庞大的涌生复杂性。① 坎宁汉发现攀爬者没有基因,也没有独立的繁殖机制;飞船大量繁殖它们,每个攀爬者身体前后各有一个肚脐,成熟后位于顶端的肚脐脱落并可移动。攀爬者没有意识,但依旧拥有智能,不会产生渴望生存的自我;相反,生存驱力存在于飞船—攀爬者共同体中,没有飞船环境的管理和补充,攀爬者们数日内就会死亡,因为他们的新陈代谢会慢慢衰退。当它们被抓捕到忒修斯上时,坎宁汉比喻它们"暂时屏住了呼吸。但它们不可能永远不呼吸"(267)。

---

① 在这一意义上,《盲视》中的外星人可以看作对贝尔纳·斯蒂格勒(1998)关于人类和科技共同演化观点的持续探索,他认为从人类物种最早期阶段开始,人类认知能力就和技术完全紧密相连。

　　与攀爬者相区别，人类社会主流观点认为，人类首先是独立（且具有社会性）的生命体，而我们的技术是文化成就的后期附加——当然，有科技是好事，但不本质于我们的生存。然而，如果明天所有的技术认知系统都被毁灭，结果将是人类物种的系统性混乱和大规模灭绝。想象所有交通系统瘫痪（即便是轿车和卡车的点火装置也早已计算机化，而铁路和飞机则完全与计算设备互相连通），所有供水和公共卫生设施失灵，所有电网停止运行，所有国内外供给链条断裂，银行系统覆灭，农业和畜牧业生产停滞，除了最常用的手用器械外，所有医疗设备统统变成废铁，如此种种。毋庸置疑，也许部分乡村居民得以存活，但很可能有亿万人口面临死亡。为什么我们仍然认为自己独立于技术，可以在没有技术的情况下生活？在此，我们可以回顾达马西奥的见解："意识……先入为主地将关于世界的想象限制在与个体有关，关于个体生命，关于广义上的自我。"（2000，300）也就是说，意识坚持人的自我才是主要行动者，而技术只是在后来附加的义体[比较斯蒂格勒（1998）]。

　　小说的高潮部分，沃茨揭示了技术和人类认知之间的深刻联系。萨拉斯第准备将忒修斯号作为武器潜入罗夏，迫使探险队全员面临即刻死亡——除了席瑞，他接到指示乘坐救生舱逃返地球，向人类警告外星人的威胁。但苏珊·詹姆斯做出了反抗，她在萨拉斯第的抗欧几里得药物中做了手脚。这导致他癫痫发作——于是一个机器人战士敲碎他的头骨，在其中插入一些电极，这具不死之身又开始活动，但如今受到飞船中心船长"量子AI"的控制。席瑞对此感到不安，他要求了解萨拉斯第究竟是否真的曾是指挥官："你可曾表达过自己的意思？你可曾自己做过任何决定？我们执行的是你的命令吗？或者一直都只有你?"(353)船长掌控的活死尸在键盘上回答道:"你们不喜听命机器。更乐意听从于吸血鬼。"(353)当然其中的讽刺在于,人类被塑造为宁可听命于进化过程中的劲敌吸血鬼,也不愿听命于计算机。从他们对飞船人工智能的依赖程度来看,他们和攀爬者之间的区别并不大——更准确地说,不像意识想象中的那么大。

席瑞踏上返回地球长达14年的旅途,其间他反思了人类在宇宙中的角色。苏珊·詹姆斯反对萨拉斯第把意识视为残疾,反问为什么这种情况下人类依然得以生存:"如果[意识]真有这么大的害处,自然选择早就把它剔除了。"(306)萨拉斯第反驳:"你对进化过程的理解实在天真。所谓适者生存根本就不存在。事实也许是,更强大者生存。解决之道是不是最佳方案并不重要,它只需要胜过其他选项就可以。"(306)

如果用拓扑学术语解释萨拉斯第的观点,我们可以想象一幅适应度景观(fitness landscape),其中产生局部极大值(local maximum)①。而在另一处,存在更高耸的全局极大值(global maximum)。从演化角度来看,问题在于,位于局部极大值的生物永远不可能成为全局极大值,因为假如要成为全局极大值,它必须先走下坡路,降低自己的适应度,才能穿越其间的距离。结果是,它的适应性相比于邻近的竞争者更高,但从全局角度来看并非如此。类比之下,地球相当于局部环境,其中人类占据生态位的局部极大值(放下神秘的吸血鬼不谈)。然而在宇宙中,更广大的全局极大值才是真正的统治者。席瑞早些时候就已察觉萨拉斯第的深意:"攀爬者才是范式:宇宙中的进化仅仅是有组

---

① 译者注:指当地适应度最高的物种。

织的自动化设备在无休无止地繁殖，一台毫无生气的巨大图灵机，充满了自我复制的结构，却永远不会意识到自身的存在。而我们——我们只是留存于世的化石。"(325)

当席瑞监测到来自地球的交流信号，他开始听到越来越少的音乐和人类交谈。他也收到了父亲发出的"撒网式寄送"，将之解读为一条加密信息，警告不要返回。地球上传来的语言，逐渐从话语转变成吸血鬼独有的咔嗒声和嘶嘶声，席瑞开始怀疑吸血鬼已经脱离控制，就像《侏罗纪公园》中的恐龙那样，跑到人类世界祸害四方。此外，他怀疑吸血鬼已经从意识进化成非意识模式的存在。"我们人类原本没有资格继承地球，"他若有所思。"吸血鬼才是地球真正的主人。他们肯定也拥有某种程度的自我意识，然而比起人类对自身的执念，吸血鬼［活在］那种半梦半醒的意识实在微不足道。他们正在将它拔除。这只是一个过渡性的阶段。"(362)席瑞深思着自己的变化，说："多亏了一个吸血鬼、一船怪人，以及一群入侵的外星生物，我又重新变回了人类。也许是最后一个人类。等我到家时，我或许会成为宇宙中最后一个具有自我意识的生物。"(362)这样看来，意识不过是进化过程中一个拙劣的变通方案，它让人类优越于直接竞争者，但长远而言，意识的代价远远高于它的价值，当竞争环境从地球扩大到宇宙时，它只能面临被淘汰的命运。

对于这个结论，我们这些有意识的读者该如何解读呢？

"常态"意识和技术认知

评价这些文本的方式之一，是分析它们用来构建常态（我们读者大致所处的位置)的策略。从这一角度出发,可以看到两位作者采取了截然不同的策略。在《记忆残留》中,叙述者的出发点可以让读者轻易产生共鸣。他是一个无辜的旁观者,却遭遇飞来横祸;结果挣扎着想要恢复身体功能。当然,这导致他走上滑入偏执甚至神经错乱的不归路,他的控制欲膨胀到了外部世界。相比之下,《盲视》中的主角们起初便远远超越人类界限,以几乎所有能想象到的方式进行技术改造和增强——还有吸血鬼、神话和哥特小说中的生物。但随着叙事发展,他们与未经身体改造的人类之间的区别,比起外星人表现出的天壤之别根本不算什么。而故事最后,这种常态再次反转为异常,人类命运被抛入非意识宇宙。

两个文本中,技术认知在扮演不同的角色。在《记忆残留》中,它完全缺位。当叙述者遇到不认识的单词或概念时,他要求纳兹鲁打电话给他办公室的同事帮忙查找,然后同事回电话给纳兹鲁,再由纳兹鲁转达给叙述者,这以今天的标准来看无比荒谬。《记忆残留》出版于2005年,那时早已进入黑莓手机和掌上电脑的时代,它们早在2001年就已经上市。尽管如今随处可见的 iPhone 直到2007年才面世,但当时智能手机和掌上数字设备早已普及,应当不足为奇。但文本似乎故意将人的注意力引到技术认知在文本中的缺席。当叙述者想要招募情景再现者时,他选择人类代为执行出价。他并不依赖分布式认知网络运作,而是自主设计了一套特殊的网络,将他自己(机能失调)的认知延伸入世界。

更甚,我们发现叙述者利用这一网络将他的意愿强加于现实。(幻觉的)矮小的议员使用"残留"(residual)(259)一词,恰好微微暗示了这一点。叙述者让纳兹鲁执行常规电话工作,查找单词然后拼写给他。"一个名词,"纳兹鲁说,然后问,"哪个矮小的议员?"叙述者一边复述他从"矮小的议员"口中听来的话,一边继续道,"这个奇怪、无聊的 residual。他把's'发成了清辅音,而不是浊辅音。Re-c-idual。你查查这个拼写。"由于这个发音来源于他的幻想,现实中自然不存在,"没查到那个单词。"纳兹鲁报告说。这时叙述者暴跳如雷,命令纳兹鲁:"那就让他们去找一个更大的词典!""我现在真的感到不舒服,"他继续说,"如果你在这儿看见那个矮小的议员……"纳兹鲁又问了一遍:"什么矮小的议员?"(271)这一场景充分说明,叙述者相信*他*能够决定什么是现实,包括词典中出现的单词。如果技术认知在文本中发挥更大的作用,叙述者将时时遭遇这种情况,因为技术系统对贿赂和收买无动于衷。叙述者将网络限制在人类中,这样才能坚持他的妄想。

《盲视》则恰恰相反,人类认知和技术认知系统的相互渗透构建起这一虚构未来(2082 年及以后)的"新常态"。和《记忆残留》的叙述者一样,席瑞也经历过灾难性的干预,挣扎着重返常态,这种渴望是读者能够体察的。他从未真正成功,这在他和曾经的爱人切尔西的情节中有所体现。后来切尔西感染了致命病毒,于是联系他,想在死前再见他一面。"正常"的反应当然是立即回电,席瑞却花费几天时间查找"合适的运算法则"(294),只有算法才能告诉他怎么做,要说些什么。然而,这并不让他看起来像个怪物,就如同《记忆残留》的叙述者那样,读者反而为他的困境感到悲伤,面对爱人将逝,他却束手无策。

随着我们对忒修斯号上的主角团了解加深,疏离感逐渐消失。尽管经历过技术增强和认知改造,他们依然让我们感到熟悉。当攀爬者出现时,船员与假定为常态的读者之间不再存在显著的差别。但当席瑞踏上返程旅途,想到自己可能是宇宙中最后一个感性生物时,常态又突然转化为非常态。他反复警告读者,他并不能代表忒修斯号上究竟发生了什么,或者角色们真正说的话,而是代表他们的意义。他最后的讯息传达到地球家园:"所以,我也没法告诉你事情的真相究竟如何。你只能想象自己是席瑞·基顿。"(362)邀请我们与他共鸣,就像两只渡渡鸟之间的共鸣。不论技术认知怎么先进,都无法弥补这一状况,因为意识永远是混合的一部分,发号施令,设计硬件,决定连接如何运行。当然,除非我们同时考虑萨拉斯第和船长,在这种情况下,意识再次成为非意识主导宇宙中的异类。

如此一来,这些文本所呈现的,是将意识代价纳入考量后"常态"这一概念如何发生异变。它们表明,仅靠意识或人类认知,是无法充分支持"常态"的。在我们的宇宙中,技术认知已经现身,而 NASA 也宣布其他太阳系中存在类地行星,[①]人类认知不能再被看作衡量所有其他认知的"常态"标准,不管这些认知是技术的还是非人类的,是地球的还是外星的。如果去人类中心主义——包括动物研究、后人类主义、新唯物主义等其他课题——是当代文化理论的主要推动力,那么认知的整个基础已然转移至行星尺度,其中人类行动者只是复杂互动的一部分,互动中还包括许多其他认知体。不论意识是桂冠还是重担,或二者兼有,都必须在行星认知生态的大语境下接受重新评估——也许可能超越行星层面。

---

① 美国国家航空航天局(NASA)宣布行星开普勒 452b 的存在,位于天鹅座。参见 Kerry Grens (July 27, 2015)。

第二部分

认知系综

第五章　认知系综：技术能动性与人类互动

在《重组社会：行动者网络理论概论》（*Reassembling the Social*：*An Introduction to Actor-Network-Theory*，2007）的一篇段落中，布鲁诺·拉图尔举例批评所谓"社会的社会学"（sociology of the social）在人与物之间划定人为界限。"任何人类行为过程都可能以分钟为单位相互缠结，比如一声命令砌砖的吆喝，水泥和水的化学连接，随着手部运动，滑轮作用在绳子上的力，工友擦亮火柴为你点燃一根香烟。"（74）我很钦佩拉图尔的研究成果，也乐于承认行动者网络理论（ANT）对科学研究的重要贡献。同时，这段文字阐述了为什么侧重于认知的框架可以在另一维度上为探究复杂人类系统的现存方法作出重要补充。注意，行动开始于"命令的吆喝"，之后的物质力量都可被归为这个决定的结果。水泥无法自己搭建结构；为了达成这个目的，水泥依靠人类干预才能转化为建筑材料。简而言之，认知过程在拉图尔的例子中起到重要作用，尽管他试图展现人类行动和物质力量的对称。我强调过，这个观点不是为了歌颂人类选择，而是将决策者谱系扩展到其他生物生命形式和技术系统上。决策者当然能够，也会将物质力量征召为自己的盟友，但他们才是试图引领航向的掌舵者。

我采用"认知系综"这一术语，来描述人类和非人类认知体之间的复杂互动，以及他们谋求物质力量的能力。尽管拉图尔、德勒兹和瓜塔里（1987）也使用"系综"（assemblage）这一术语，认知系综的独特性质却有别于他们的用法。具体而言，认知系综强调经过系统的信息流，以及创造、调整和阐释信息流的选择和决策。一个认知系综内可能包含物质能动者和物质力（且几乎总是如此），但只有系综中的认知体才能利用这些特质（affordance），在复杂情境中引导它们发挥力量。

既然使用了"力量"①的概念（本书标题是最清晰的体现，全文也如此），我现在将说明力量——和它的侍者，政治——如何在框架中出现。在此，拉图尔提供了宝贵的指引，因为他指出力量是协调者（人类和非人类）产生的一种影响，可将短暂多变的结构转变为持久、强健、可再生产的结构，从而能够创造、凝聚和行使力量。对于批评者认为ANT理论忽略了政治和社会不平等，拉图尔的回应是，ANT对协调者的强调恰恰能够将政治看作暂时性实践，总是能够成为另一种形态。拉图尔这样评价他的同事们，"社会的社会学家们"把"社会"视为一种解释力，而忽略了让力量变为可能的协调者，这就把力量神秘化了，从而使建设性变化更加难以想象或发起。"社会学家们搁置了产生惰性、持续性、不对称性、扩展性和支配关系的协调者这一实践手段，将所有这些不同方式与社会惰性的无力之力量混淆在一起，当他

---

① 译者注：原文为"power"，考虑到不同语境中意义的不同译为"力量"或"权力"。

们毫不谨慎地使用社会解释时，他们其实在隐藏社会不平等的真正原因。"(85)

尽管拉图尔也许不会同意我对认知体和物质过程的区分，但他对协调者的强调与我将认知体视为转变性行动者的观点不谋而合。我的方法重新想象认知，搭建以非意识认知为主导的框架，为分析认知系综和在其内部运作的协调者创造了可能。通过这些方式，技术发达社会得以创造、拓展、调整和行使力量。

拉图尔对社会学的批判同样可以（甚至更适合）用于人文学科。"考虑到一系列*被研究的*、*可调整的*获取力量的手段，社会学，尤其是批判性社会学，尝尝用一种不可见的、不变的、同质性的力量世界取代其自身……因此，忘却'权力关系'和'社会不平等'的控诉，应该直截了当地摆在社会的社会学家的家门口。"(86)他在这里强调*被研究*和*可调整*，暗示权力关系的修正需要细致而准确地分析系综（用我的术语来说，认知系综）如何形成，如何在人类和技术行动者之间创造联系，如何发起、调整和转换信息流，从而产生语境，而语境总是早已根据社会环境和其中产生的意义决定可能出现的决策种类和范围。

不幸的是，拉图尔对批判性社会学发起的强力攻击，也同样适用于批判性人文。"如果像俗话说的那样，绝对的权力绝对会腐败，那么如此多批判理论家滥用的权力概念早已绝对地腐败了他们——或至少让他们的学科变得多余，政治变得无能。"(85)这后半句话尤为刺耳，因为20世纪七八十年代及之后的人文学科对权力的批评显然被它言中。如果我们评判政治议程的标准是它能否说服民众，那么宽容地说，这一时期横扫人文学界的解构主义理论带来了不同的结果：尽管它成功将许多人文领域的学者转化为激进分子，但在大众看来，令人费解,有时甚至毫无意义的话语使人文学科越发脱离大众,日渐边缘化于主流社会事务。这至少意味着,可能是时候尝试另一种方法来分析权力关系,通过关注权力如何被创造、转化、分布和行使,在这个复杂人类系统与技术认知互相渗透的时代——换句话说,关注认知系综。

现在,我将转向对这一关键术语的详析。在德勒兹和瓜塔里的用法中,"系综"(agencement①)包含连接、事件、转化和生成的意涵。他们倾向于使用欲望、情动和作用于认知的横力量,但我对"认知"更宽泛的定义使我的观点在某种程度上与他们相近,尽管仍然存在显著差异。我想传达的是一种持续变动中的组成部分暂时性集合的感觉,其中一些部分加入进来,另一些部分丢失。这些部分之间的关系没有紧密到无法发生转化,也没有松弛到信息无法在部分之间流动。一个重要的隐含义是,这些部分能够逐层叠加、升级,从低层级选择发展为高层级认知,最终产生能够影响更大范围的决策。

在着重于认知的讨论中,读者们一定记得我将它定义为"在语境中阐释信息,并将信息与意义相联系的过程",我强调了阐释、选择和决策活动,并讨论了认知赋予的特殊属性,即灵活性、适应性和演化性。认知系综的方法论从系统视角考察这些属性,将它们视为系统、亚系统、个体行动者的部署,信息流动于其中,通过运作于信息流之上的认知体阐释活动来影响转化。认知系综作用于多个层级和场所,不断随状态和语境的变化而变化。

为何选择系综而不是网络这个更广为人知的词作为替代?这尤

---

① 译者注:法语。

其是一个切实相关的问题，毕竟拉图尔通常偏爱"网络"一词（参见ANT），但他有时也将"系综"作同义词替代使用（Latour，2007）。人们一般认为网络由边界和节点组成，使用图论（graph theory）进行分析，传达出稀疏而清晰的物质性（Galloway and Thacker，2007）。相比之下，系综允许肉身意义上的连续感存在，如触摸、接纳、排斥和变异。如果将网络作为动力系统分析，它像系综一样可以被视为交换、转化和传播的场所，但网络不具备在复杂三维拓扑空间的互动感，而系综则包含包卷（convoluted）和内卷（involuted）表面信息交换的过程，其间多种实体与结构同时发生互动。

因为人类和技术系统在认知系综中相互连接，各自的认知决策也会相互影响，这种互动发生在人类认知的全谱系中，包括意识/无意识、认知非意识和向中枢神经系统输送信号的感觉/感官系统。此外，人类的决策和阐释与技术系统产生互动，有时决定性地影响它们的工作语境。总体而言，认知系综发挥的功能与广义上的认知相一致：针对新情境做出灵活反应，将这些知识编入适应性策略，以及通过经验演化，从而创造新策略和反应类型。由于边界模糊，人们划定的界线常常取决于分析视角和分析目的。尽管如此，在具体情境下，可以具体化牵涉到的认知种类，最终根据它们的演化轨迹来追溯其影响。

20世纪晚期最具颠覆性的科技就是认知系综：因特网是最典型的例子。尽管许多现代技术也具有巨大的影响力——蒸汽引擎、铁路、抗生素、核武器和核能——但认知系综独树一帜，因为它们的颠覆性潜力来源于信息流的拓展和支持，以及随之而来的人类和技术参与者的认知。它们天生具有混合性，引发了许多耐人寻味的问题，包括能动性如何在认知体之间分布，行动者如何及通过何种途径影响系统动态，以及责任——技术的、社会的、法律的、伦理的——最终该如何分配。它们引发人们提出认可技术干预重要性的伦理质询，采用系统性、关系性的视角，而不是一味强调（甚至过度强调）个体责任。

本章发展认知系综这一概念，我将首先从城市基础设施这一基本层级开始。奈杰尔·思瑞夫特（Nigel Thrift，2004）认为，基础设施支配着我们对世界运作"技术无意识"方式的日常假设，这包括通过常规期待、习惯性回应、模式辨识等其他具有认知非意识特性的活动，无意识地和非意识地管理我们的行为倾向。在此，我的分析向内转向身体，讨论在个人层面上发生直接交互的数字设备助手。随着这些设备智能程度和联网程度的提高，通过网络访问信息门户的能力不断增强，它们给用户身心带来的神经变化也逐渐增大，形成灵活的系综，随着信息收集、处理、交流、储存和用于额外学习而发生转变，继而影响后续的互动。当用户的反应和互动越来越多地表现出她自己都无法察觉的倾向，监控的可能性也在逐渐增强，这里分析的趋势已被麻省理工学院的阿莱克斯（"桑迪"）·彭特兰（Alex Pentland，2008）加以社会计量学分析，并由弗兰斯·范德海姆（Frans van der Helm）在我—机器（MeMachine）项目中进行了极端的概念证明（AR Lab，2013）。①

接下来，我将转向分析技术自动化的含义，例如自动驾驶汽车、人脸识别系统和自动化武器等项目。我的关注点在飞行员操纵无人机向全自动无人机群的转变过程。为了提高技术自动性，需要增强技术设备的认知能力，故分布式自主性优于并依赖于已有的认知再分配。

---

① 译者注：AR 实验室（AR Lab）是荷兰皇家美术学院（Royal Academy of Art）、代尔夫特技术大学、莱顿大学和三家公司组成的生物—科技—艺术合作团体。我—机器项目是一个技术—艺术展，旨在采用生物科技手段预言未来可能出现的人类隐私问题。

技术设备扰乱推论形成、撼动文化实践的倾向在军用无人机的案例中更为显著,因为它们可能关乎生死。能够说明这种重大异数的文本是国际公约,它们规定了所谓的战争法,假设能动性及相应的决策权完全掌握在人类手中,而不考虑技术介入的影响。拥有能动性的技术设备带来了巨大变化,这足以说明复杂的人类社会系统在被技术认知渗透的过程中发生了什么。我将在下文展示,认知系综改变了人类认知运作的语境和状况,最终影响发达社会中作为人类的意义。

基础设施与技术认知

在想象技术认知的未来时,麻省理工学院媒介实验室的阿莱克斯("桑迪")·彭特兰这样写道:"人类种族似乎突然开始拥有工作神经系统。就像某种涵盖全球的生命体,公共卫生系统、汽车交通和紧急安全网络都正在变得智能化,反应系统上安装的传感器是它们的眼睛和耳朵。"(2008,98)神经科学家也曾使用这样的类比,他们用交通的隐喻来描述流经人体神经系统的信息(Neefjes and van der Kant,2014)。劳拉·奥迪斯(Laura Otis)提出 19 世纪科学家在神经和电报线网络之间建立的联系,这种类比带有强大的概念力:"隐喻不是在'表达'科学家们的观点;它们就是观点。"(2001,48)

研究城市"神经系统"和人类互动的一个不错对象,是洛杉矶自动化交通监控系统(Automated Traffic Surveillance and Control System),它控制着 7000 英里的地面街道交通(ATSAC n. d.)。2014年 11 月,我前往实地参访,与 ATSAC 负责人爱德华·禹(Edward Yu)交谈。ATSAC 核心的计算机系统管理着流经整个城市传感器和执行器的信息，具有灵活性、适应性和演化性，能够不断修正自己的操作。再结合与之一同工作的人类操作者，ATSAC展现了技术非意识认知如何与人类能力相辅相成，从而影响数百万城市居民的日常生活。

ATSAC系统中心位于地下四层的地堡中，这里最初设计用来保护城市官员免受炸弹袭击（现在它已经被移交给ATSAC，这无意中承认了交通控制对洛杉矶的重要性）。流入该中心的信息包括来自1.8万个环路探测器的报告，它们通过电磁感应工作，在4000多个交叉路口记录车流量和每秒车速，同时有400多个监控摄像机负责检测最复杂或最重要的交叉路口。通过分析这些数据流，计算机算法可自动调整信号灯，从而调节堵塞车道。这需要协调变更相关信号灯，比如汇入主道的辅道应当与主道信号灯步调一致。该系统也监控公交专用车道的交通；如果一辆公交车行驶滞后于时间表，算法会调整信号灯让它赶上时间。所有监控信息都是实时处理的。整个系统通过硬连线防止延迟，环路探测器的铜线汇入集线器，信息从中通过光纤传输到中心。因此，ATSAC代表基础设施上巨额的市政投资。设施建设始于1984年洛杉矶奥运会，最终于2012年竣工。

除了日常交通，工程师也能为总统访问或大片首映等特殊活动调整系统。即使是自动流程也遵循特殊规定。例如，在大型正统派犹太教社区，每到犹太安息日白天，"步行"按钮被设定为自动工作，因为这一天正统派犹太教徒被禁止接触正在运转的机器，因此不能手动按下按钮。由于白昼时长因季节而异，系统也将全年日出和日落时间编入其中。

没有系统传感器、执行器和算法的帮助，人类不可能实现如此大规模的交通协调,即便只是尝试一下也昂贵得令人却步。根据研究表明,该系统使交叉口停车等候现象减少 20％—30％,行程时间减少 13％,燃料消耗减少 12.5％,尾气排放减少 10％(Rowe, 2002)。这些数据对洛杉矶人的生活产生了切实的影响。我在洛杉矶生活了 20 多年,可以证明交通模式变得多么重要,它常常能左右人们生活中的选择,比如工作日程、娱乐活动和交友网络等。禹参加社区会议时,喜欢询问民众是否曾受到重大犯罪事件的影响。通常情况下,100 人中仅有两三个人举手。之后他问有多少人的生活受到交通的影响;几乎每个人都举起了手。

　　具体而言,ATSAC 究竟如何体现技术认知与人类认知的互动?算法与数据库协调一致,交通信息可在数据库中存储一周;系统从中提取道路交通规律,并在此基础上更新算法。司机也能够察觉规律,当然首先是有意识地,在一遍又一遍行驶同一条路线之后,再转变为无意识过程。当发生交通异常时,他们很快注意到,然后通常会呼叫交通中心,提醒操作员某个交叉路口出现问题。操作员们必须内化这些规律,才能做出明智的决策。禹报告称,新员工通常需要一年半左右的培训,才具备足够经验区分一般和异常的道路状况。例如,圣莫尼卡大道连通圣莫尼卡高速公路;假如高速公路入口拥堵,则没必要安排信号灯加快车流速度,因为这只会让拥堵更严重。当交叉路口堵塞,交通中心屏幕对应位置就会闪烁红灯,操作员便立刻调取实时监控查看情况。我参访的那天下午,市中心阿拉米达街的一个交叉路口出现拥堵,道路图像显示警察占用了部分街道,为即将举行的游行示威做准备。不幸的是,他们没有通知交通中心。随着高峰时段临近,操作员们必须采取积极的干预措施,防止整个市中心发生交通拥堵。

只需下达一个指令，操作员就能改变整个信号网络，该操作在这种情况下十分必要。

ATSAC 的例子，验证了人类的有意识决策、人类对交通模式的非意识模式认知（操作员和司机）和电脑算法、处理器及数据库的技术认知非意识之间的高效协作。乌尔里克·艾克曼（Ulrik Ekman）在讨论智能城市的拓扑空间时指出："这里的设计必须满足变动中多种环境、技术、社会和个人的城市节点的交互，这些交互持续进行，且非常复杂。"（2015，177）ATSAC 在这些复杂性中发挥功能，展现出认知系综的运作方式。在任何一点，组成部分随时发生变动，一些司机离开系统，另一些进入系统。尽管背后的基础设施总是稳定不变，但过去的事故点被清除，新的事故点又出现，电脑的屏幕界面总是处于持续变动中。类似地，尽管已经预先设定算法的基本认知结构，但它们也会随规律的获取而进行调整，随着语境改变，新的意义产生，这些规律将被用于调整接下来的操作。

该系统的认知功能所例示的政治前提是社会需要顺畅的交通。从这个意义上说，它为洛杉矶人的体验做出了积极贡献。当然负面影响在于，由于交通堵塞减少，它纵容举世闻名（臭名昭著）的洛杉矶持续依赖于汽车，这种需求甚至有增无减。当然，该系统也通过管理公交专用车道鼓励公共交通的使用。① 因此，我们可以认为该系统带来的总体结果是积极的。该系统是过去几十年城市投资和不同政权的

---

① 我的一位同事在加州大学洛杉矶分校教书，家住圣费尔南多谷，他告诉我公交专用道的出现彻底改变了他和大学之间的关系。在此之前，他不得不开车经过臭名昭著的 405 高速公路（全国最繁忙的公路之一）去工作，现在只需要轻轻松松地坐上公交，不必再忍受无法预测且糟糕透顶的塞车之苦。

受益者,它成功召集政治意愿,维持系统运行,并一步步扩大,直到将整个城市都覆盖在内。因此,ATSAC 展示了技术认知非意识深入渗透复杂人类系统,并带来建设性结果的可能性。值得注意的是,该系统和市场盈亏的考虑并无直接关系。

数字助手和信息门户

从城市交通基础设施的介入出发,现在我们将走向更私人的层面,思考人们与数字助手之间更亲密、神经学上可以说影响更大的交互。VIV 是由加州圣何塞 VIV 实验室开发的一款设备,其演化出的能力包括网页阅读、地理定位、移动交互和真实生活答疑(Levy,2014)。该程序很快将作为"下一代 Siri"推向市场,结合 GPS 定位和开放式系统,可随时编入程序、解析语句和连接第三方来源。开发者丹·吉特劳斯(Dan Kittlaus)、亚当·车佛(Adam Chever)和克里斯·布里格姆(Chris Brigham)说,VIV 能完成相对复杂的指令解析,如《连线》杂志上刊登的 VIV 搜索技术流程图所示:"我需要在前往哥哥家的路上,购买一些便宜的葡萄酒搭配意式宽面。"程序首先将"哥哥"解析为一种家庭关系,在用户的谷歌联系人中查找相应的条目。然后,它将规划前往哥哥家的路线,注意到缺失变量后,询问用户愿意绕道多远距离购买葡萄酒。得到信息后,它在网上搜索意式宽面食谱,将其标识为一种包含番茄、奶酪和意面的食品条目。搜索酒水—食物匹配到合适品类后,再进一步检索确定"便宜"的价格范围。下一步是查询途经的酒类商店目录,最终得到一份最佳商店的酒类名单。

根据设计,VIV 能够持续学习,可以在不断扩充的数据库中跟踪推断。与 NELL 一类的语言学习程序不同，即计算机科学家汤姆·米歇尔（Tom Mitchell）及其卡内基梅隆大学团队开发的"永恒语言学习（Never Ending Language Learning）"程序，VIV 具有与现实世界互动的优势，包括地点、用户兴趣范围、品味和偏好指标等。借助更广泛的活动和知识，VIV 能够执行与成本相关的计算，包括时间—金钱、质量—价格、近距离—远距离等。它在指导用户行动的过程中与他们的认知发生互动，阐释位置指示等感知信号，并针对指令做出响应。此外，它的优势还在于庞大的云端存储空间、快速的处理速度和高强度计算的数据操控。VIV 和用户可以被看作同一认知系综的组成部分，共同构成稳定的交流节点，周围盘踞着大量与网页指令和策划算法相关的功能，将 VIV 的数据与存储在无数关系数据库中的其他用户信息相关联。如果 VIV 的发布会大获成功，[①]我们可以预见它巨大的商业价值，因为它将整合地理定位与特定产品需求。此外，它将使数据收集的规模超过现有智能手机和桌面搜索所能提供的范围。它能够联系用户实时行动、当前位置轨迹、过去行程及相关查询和购买记录。GPS 设备现已具备一些这样的功能，比如搜索条目下显示的商店位置——罗列付费公司的信息。当存在多条可行路线时，GPS 通常选择途径最多上述商店的路线，例如购物中心或购物广场。VIV 将有能力完成所有这些甚至更多类似的任务。

当用户拥有这样的智能数字助理，也会影响他们如何将这种技术认知融入日常生活。可以预见，人类大脑中一些进化而来的认知能力——如辨认方向和判断一个人在世界中位置的能力——由于该设

---

① 译者注：VIV 已经在 2016 年 5 月推出，同年 10 月其母公司被三星收购。

备的存在而受到越来越少的刺激,因为现在它代替用户辨认方向,这意味着人类有关定位的突触网络将逐渐缩小。通过评估浏览网页与纸质阅读的对照实验可知,人类神经网络只要略微受到数字媒介的影响,就会发生改变,带来长久的影响(Hayles,2012)。可预测的结果是,人们使用 VIV 这样的数字助手越多,就越需要使用它,因为它让人的自然导航能力下降,甚至可能达到萎缩的程度。

此外,这样的设备可能会导致一定程度的行为同质化;探索性行为减少,常规性行为增加。购物习惯也是如此;不再货比三家,而是根据电子推荐选择所需,“欲望”本身受到市场营销的操控。总体而言,将用户纳入企业设计的趋势将会加剧和扩大。在某种程度上,增强现实也可能是 VIV 功能的一部分,这种强化将同时作用于非意识和意识认知层面。与其他数字化的直观功能一样,VIV 将遵循伯纳德·斯蒂格勒(2010a,2010b)归纳为“是药三分毒”的药理学动态特点,在为人们提供方便、满足欲望和优化导航的同时,加强监控、定向营销和资本主义剥削。

VIV 这样的设备,是否会像斯派克·琼斯(Spike Jonze)电影《她》(*Her*,2012)中展现的那样,成为完全有意识的技术系统的前身呢?20 世纪和 21 世纪的经历告诉我们,只有傻瓜才会急着说“不可能”,这里真正的陷阱,是我们以为*正在迎接*技术认知的全面降临,但它其实已经实现于无数复杂系统和计算设备中。人类现在生活的社会中,深度技术基础设施与技术认知形塑和渗透的技术系综难舍难分,包括语言学习系统。如果“语言本能”如此极端地区分人类与其他生物有机体,它标志着人类的独特性,那么就像史蒂文·平克(Steven Pinker)曾提出的饱受争议的论述(2007),人类与数字对话者之间的语言差距正在缩小。

社交信号与躯体监控

在麻省理工学院媒界实验室，彭特兰与他的博士研究生们通力合作，开发出一套他称为社会计量器（sociometer）的设备，用于探测、度量和呈现群体社交信号的生理指标（Pentland, 2008）。该装置可像肩章一样佩戴，（通过红外收发器）检测对话者身份、交谈时间和交谈强度（Choudbury and Pentland, 2004; Pentland, 2008, 99-111）。它的能力还包括分析非语义语言特征（如强调的连贯性），追踪肢体动作，从中推断涉及的活动，测量与他人的距离，并依据这些数据确定社会语境。彭特兰将社会计量器测量的行为称为"诚实信号"，因为它们发生在意识知觉的层面之下；他进一步指出，伪造这些信号无比费力，因而几乎不可能完成（Pentland, 2008, 2-3）。

社会计量器运行的技术模式类似于人类认知非意识，通过感知和处理体征信息来创造关于身体状态的综合再现。如我们所见，人类的认知非意识能够辨别和阐释行为模式，包括他人发出的社交信号。当得到社会计量器的外化，该功能的重要性越发显著，因为它测量到的社交信号能够让彭特兰及其团队预测各种互动的结果，从工资谈判到约会偏好。即使只有短短 30 秒的行为抓取，社会计量数据也能准确预测群体决定。值得强调的是，这些预测完全来自社会计量器对社交信号的分析，而完全不关注语言内容或理性论证。

从这些实验中我们得出几个结论。首先，它们展现了社会计量器作为反馈设备的价值，它可以帮助群体改善功能。彭特兰报告称，他的实验室开发了"一种计算机算法，它基于社会计量器对人们诚实信号的理解能力。使用这项技术,我们可以着手建造实时会议管理工具,通过给人们提供反馈来帮助避免群体思维和极化等问题,从而帮助团队走在正轨上"(49)。

从更本质的角度来说,社会计量数据展现了社交信号对于人类社会性的必要性,反过来也说明理性讨论和有意识思考比传统想象中的要有限得多。在这一方面,人类可能与蜜蜂、蚂蚁等社会性昆虫有共同之处(如 E. O. 威尔逊在另一语境下的阐述;Wilson,2014,19-21)。"诚实信号被用于交流,控制信息的发现和整合,以及做出决策"(83),彭特兰写道。根据这一洞见,他提出"我们智能中的最重要部分作为*网络属性*(network properties)存在,而非*个人属性*(individual properties),而我们个人认知过程中的重要部分由网络引导,通过无意识和自动过程实现,比如信号和模仿"(88)。他轻描淡写地预言:"我们会认识到,我们与启蒙哲学家想象中那种理想化的理性生物几乎毫无共同之处。"(88)

除却这一主要结论,还存在一些重要的必然命题。由于社交信号需要时间来生成、传输、接收和辨别,因此它们运行的时间线比认知非意识(在 200 毫秒范围内)或意识(在 500 毫秒范围内)更慢。彭特兰估计它们工作的时间范围为 30 秒,耗时接近于解读复杂的口头信息(如叙事)(107-111)。这意味着语言信息和社交信号的处理,沿相似的时间线发生,从而开启了二者之间存在某种反馈回路的可能性。例如,随着两人聊天愈发投机,他们开始互相模仿彼此的姿态,每一种交流形式之间都在互相强化。彭特兰引用的研究表明,当发生这种类型的模仿时,交流者报告他们更喜欢和信任对方,交流结果也更令人舒心(10-11)。另一个命题是,社交信号与口头语言不同,它影响参与双方,而口头语言在传递给另一人时并不一定影响说话者。彭特兰这样总结这种效果:"当你参与社交信号的释放,你受到的影响和另一人程度相当。信号是双向而非单向的,因此只要拉动社交结构的一个角落,就能延伸到网络中的所有成员。"(40)

从演化的角度来看,社交信号很有可能早于语言之前出现;许多哺乳动物利用这些信号谈判领地范围、交流意图、协调群体活动。彭特兰引用的大脑研究表明,"我们都具备*网络硬件*(networking hardware),使我们能够读懂和回应他人"(37),特别是第二章中提到的镜像神经元(Barsalou,2008;Ramachandran,2012)。"这种信号—反应通道似乎早在语言通道产生之前就已演化形成,"他继续道,"而语言正是建立在这个通道的能力基础之上"(42),这条轨迹类似于率先发展出非意识认知,随后基于此才涌生了意识。

因此,社会计量器可以被视为认知非意识的外化,它收集、阐释、分析和呈现信息,使之可供意识参考。考虑到社交信号对于有效团体功能至关重要,我们可能得出一些和彭特兰观点不同的结论。社会计量器的外化,揭示了认知非意识对于社交网络、群体决策,以及人类社会性而言至关重要。作为认知系综的一部分,社会计量器融于多孔边界的人类—技术系统,取决于什么人为了何种目的使用该装置——是用于观测自己的反应,监视其他人的反应,还是从外部分析群体行为,也就是说分析动态时是否得到群体同意。

这种开放性的意义表明,我们需要一种全新的分析类别,我称之为躯体监控(somatic surveillance)。如果说传统监控技术关注外表、动作和服装等,躯体监控负责记录并实时反映身体的内部记号。这一概念并非全新。比如,测谎仪能够测量生理反应,如心率和皮肤电反应,并通过动态图像呈现；医院的医疗设备在监控屏幕上显示心率。虽然这些技术实时运行，但它们缺乏社会计量器展现出的两个关键特征——活动性（mobility）和微型化（miniaturization），这些是实现可穿戴技术必需的属性（从医学角度对活动性重要性的分析，参见Epstein，2014）。使用可穿戴设备进行躯体监控的想法仍然较新颖，其影响尚未得到充分考察。

这一情况促使荷兰研究者弗兰斯·范德海姆创造了我—机器。范德海姆和他的实验室凭借机器人和义肢方面的前沿研究蜚声海外，他们开发出一套硬件设备和软件程序以协助研究，包括能够镜像反映被试者实时动作的解剖影像动态展示，被试者需在身上穿戴多个跟踪传感器。由于他们的工作需要详细了解肌肉、肌腱和关节的移动方式，所以被试者的成像没有皮肤，这样才能更清楚地揭示构成人类活动性的复杂互动。这一画面看上去类似于解剖学家冈瑟·冯·哈根斯（Gunther von Hagens）"尸体世界展"中一具被剥皮的尸体，但更具戏剧性的是它能完美与活动者本体同步。建立这种影像的能力已被开发用于研究目的，因此只需稍作调整就能制造出躯体监控的奇观式呈现：我—机器。

2012年，范德赫姆在一大群观众面前，以视频录制演讲的方式展示了我—机器。视频展示了准备工作：为了放置传感器，匿名者胸部的毛发被剔除；传感器小心地安置在他的每根手指上；戴上装有眼球跟踪装置的头带；背包中装有计算机设备，与肩膀上的传感器进行无线通信。准备工作完成后，穿戴齐整的范德赫姆大步登上舞台，他脸的一部分被头带遮挡，手指传感器隐藏在手套下，衣服则遮住身上的传感器。然而在大屏幕上，一切展露无遗：如同一尊无皮人像，正在反射他的体态、手势和肢体语言，下方滚动数据显示心电图读数（ECG）、肌电图（EMG，electromyography）跟踪肌肉产生的电脉冲，电流反应显示皮肤的电传导，脑电图读数显示脑电波，以及使用眼动追踪数据的嵌入设备显示他正在注视的位置。每一数据集群都实时估计，以便观众了解他的关注点、冲动水平、情绪状态、大脑活动和肌肉紧张程度。在这里，认知非意识过程处理的信息种类达到了前所未有的开放程度。更有甚者，范德赫姆还采用类似史提拉的方式，在录像演讲中建议，下一次展示我一机器将邀请观众介入他的躯体状态，例如设定生理参数限制，一旦超过限制，将剥夺他的一些身体功能作为"惩罚"。在这种情况下，我一机器认知系综的边界将包括任何数量的观众、范德赫姆和监控他活动的技术设备。该前景意味着，我一机器的外化能够创作监控场景，其中不管是被监视者的思想、情动，还是自主反应，都几乎无法抵抗外部审查。

范德海姆在代尔夫特技术大学完成演示后（van der Helm，2014），我与他进行了一番交谈，他本人对该项目的定位就是为了引发争议，促使人们讨论躯体监控的伦理、社会和文化深意。他表示，伦理学家、哲学家和其他看过我一机器演示的人，都对其监控潜力感到震惊，并且倡议在进一步发展技术之前，应当探索隐私、公共政策和道德准则问题。对此，范德海姆表现出强烈的嗤之以鼻，他质问这些人为什么不来他的实验室参与对话，以及是什么赋予他们在事后强加限制的权力。[1]

---

[1] 值得一提的是，尽管他告诉我他的网站上可以看到这个视频，但实际上视频已经下线，唯一提到我一机器的只有一个荷兰网站，为纪念他获得奖项。他可能会解释说，这个项目太耗精力，导致他无法投入其他科学工作。

　　我感到他的回应很有启发性；它揭示出人文学者对技术项目漠不关心，仅从外部角度对其进行批判，这一方法是存在问题的。相反，设想假如真正有一位人文学者前往范德海姆的实验室，参加实验室每周例会，提出问题，参与讨论，建议技术团队参考相关阅读资料，①最后的结果也许会截然不同。如果范德海姆没有将我—机器展示为一种技术中立项目（如他在代尔夫特的演示），而是将它编排成一个警示寓言，一个小组讨论场合，或是一个关于技术危险潜力的暗示，那同样也是一次关于如何将安全措施和限制纳入技术中的讨论。从这个意义上说，我们可以将我—机器看作一次科学与人文之间错失的合作机会。

　　在另一重意义上，我—机器展示出认知非意识的运作在多大程度上可以通过技术中介实现外化，从而通过多重反馈回路和递归循环因果关系，创造出人类认知非意识、技术认知和人类意识实时交互的情境，形成拥有前所未有监控潜力的认知系综。

分布式能动性与技术自主性

　　认知技术呈现的发展轨迹，清晰地朝向更强的能动性和自主性进发。在某些情况下，这是因为它们正在执行超越人类可能性范围的行

---

① 多亏了他们，许多人文学者开始进行这项工作。我想到了芭芭拉·斯塔福德（Barbara Stafford），在寒冷刺骨的冬天，她步行穿过芝加哥大学校园去参加神经科学研讨会，为她的书《回响的客体：图像的认知工作》（*Echo Objects：The Cognitive Work of Images*，2008）做准备；杜克大学的黛博拉·詹森（Deborah Jenson），组建了神经科学家和人文学者共同参与的工作小组；芭芭拉·赫恩斯坦·史密斯创立了科学与文化理论跨学科研究中心；当然，还有布鲁诺·拉图尔与史蒂夫·伍尔伽（Steve Woolgar）开创性的《实验室生命：科学事实的构建过程》（*Laboratory Life：The Construction of Scientific Facts*，1979）。类似的例子实在太多，不再赘述。

动,比如高频交易算法能够在 5 毫秒级或更短的时间内进行交易,没有人类能做到这样的事。在其他情况下,使用它们的意图是为了减轻最有限资源的负担,即人类注意力,比如自动驾驶汽车。也许最具争议的技术自主性案例要数正在开发中、拥有致命能力的全自动无人机和机器人。部分原因是这些技术扰乱了许多传统假设,无论在军事界还是一般讨论中,它们都成为激烈争论的中心。因此,可以将它们作为测试案例,讨论分布式能动性可能带来的结果,以及广义上认知系综如何与复杂人类系统交互,从而创造全新的可能性、挑战和危险。为了限制讨论范围,我将把重点放在自动无人机上,但许多同样的问题也在别处出现,如机器人战士,自动驾驶汽车等非军用技术,以及人脸识别系统等半军用技术。

当下尤其适合分析技术自主性,因为必要的技术进步显然完全可能实现,但各类技术基础设施仍未深层嵌入日常生活,而其他路径被堵死且更加难以实现。简而言之,现在正是下决定的时刻。当下正在进行的辩论和做出的选择,将对我们未来发展或抵制的各种认知系综类别产生深远影响,最终改变我们为自己和其他共同分享地球的认知实体所描摹的未来。

我不会将重点放在无人机暗杀上。美国不尊重国家边界,在其他国家开展暗杀行动,包括一些未经审判或陪审团审议就被杀害的美国公民,这显然违反了宪法和公民权利。美狄亚・本雅明(Medea Benjamin)在《无人机战争:远程控制杀戮》(*Drone Warfare*:*Killing by Remote Control*,2013)中早已对此进行了全面分析,她强烈反对无人机计划,不光是因为其违宪行为,更是因为其造成的骇人的平民伤亡数量[“附带损害”(collateral damage)]，据估计比重高达死亡人数的30％。[1] 我也不会深究民用 UAVs 的多种用途，包括牧场监控、搜寻救援任务、火灾等高危事件的紧急应对，和充当移动网关的无人驾驶自动交通工具，又称“数据骡子”(data mules)，它们能够从分散在广阔区域的远程环境传感器收集数据(Heimfarth，2014)。相反，我关注有人驾驶和全自动 UAVs，[2]以及自动化多运载系统，它们构成的集群决定每一架无人机在一次精密筹划的攻击中所扮演的角色。这一系列案例展现了不同级别的检测力、认知和决策力，表明为何更强的技术认知如此吸引人，及其将会带来什么样的社会、政治和伦理问题。

　　“911”事件后，美家的国家暴力形式发生了剧烈转变，军事分析家诺曼·弗里德曼(Norman Friedman)称之为“远征战争”(expeditionary warfare)，目标不再关于地理上定义的实体，而是具有高度流动性和灵活性的叛乱分子和“恐怖分子”。弗里德曼指出，如果能在敌人无法察觉的情况下进行监控，那么他们就会被迫投入资源隐藏位置，这不仅耗尽了敌人的进攻能力，还会妨碍他们的组织和扩张。他认为，这些因素相结合，让 UAVs 在远征战争中优越于有人驾驶飞行器。一架喷气式战斗机通常只能在空中停留两个小时便需要加油，而飞行员也因

---

[1] 更可靠的估计值是 10％。皮特·博格(Peter Berger)和詹妮弗·劳兰德(Jennifer Rowland)利用“新美国”——一个研究无人机战争的无党派小组——编纂的数据库汇报了这一数值(2015，12-41，尤其是第 18 页)。

[2] 有必要做一些术语澄清。无人机的学名是 UAV：无人驾驶飞行器，需要两名飞行员，一名负责驾驶，另一名负责监控传感器数据。如果超过一台飞行器，就构成了 UAVS：无人驾驶飞行器系统；如果它们被投入战斗，则称作 UCAVS：无人驾驶战斗飞行器系统。自动化无人机也被称作 UAVs：无人驾驶自动交通工具；能否“飞行(aerial)”取决于语境。为了避免混淆，我将它们称作 UAAVs(无人驾驶自动飞行器)和 UAAVS(无人驾驶自动飞行多运载系统或机群)。

高海拔疲劳驾驶需要休息。相比之下，UAV 全球鹰（Global Hawk）可以在空中停留数天，仅需空中加油；没有飞行员，疲劳驾驶也不再是问题（PBS，2013）。这些因素极大地促使美国空军资源的再分配，目前培训中的 UAV 飞行员数量，超过所有类型载人飞行器的飞行员数量总和。每年在无人机开发和购买上花费的金额约为 60 亿美元（Human Rights Watch，2012，6），相比于目前部署的 1 万架空中载人飞行工具，无人机数量约为 7000 架（Vasko，2013，84）。

促使无人机成为美国空军当下武器选择的因素，需要综合许多先进技术，包括全球卫星定位、超级导航工具、为增强稳定性和燃油经济性而优化的空气动力学技术、不断增强的计算能力、更好的视觉侦察传感器、障碍躲避，以及地面协调能力。整个技术链条中的弱连接，是维持 UAV 和远程飞行员之间通信联系的必要性。只要 UAV 性能需要这一连接，它就有可能被干扰，干扰可能来自内部，比如飞行员急转弯时机身倾斜，导致连接丢失；或者因为连接被另一方劫持，控制权被夺走，这种情况曾发生在 2007 年 12 月，一架洛克希德马丁 RQ170 哨兵无人机降落在伊朗境内，很有可能是因为伊朗人向它输送了错误的坐标。这意味着下一波发展方向将是自动化无人驾驶飞行器（UAAVs，unmanned vehicles that fly autonomously）和自动化多运载系统（UAAVS，multivehicle autonomous systems）。尽管还处于开发前期，UAAVs 和 UAAVS 的发展十分迅速。比如美国海军正在开发 X-47B 隐形 UAAV 试验机，它能够自动执行任务，并在没有飞行员远程遥控的情况下降落在航空母舰上。此外，让 UAAVs 和 UAAVS 稳定可靠所需的技术部件，也在跨国研究项目的协作下迅速合流，尤其是在美国和中国。

几位中国学者最近发表一篇英文论文,介绍了 UAAVS 对内部状态和环境不断增长的知觉(Han,Wang,and Yi,2013,2014)。这项研究讨论了允许集群协调个体的软件开发,在这种情况下,一架或多架飞行器被指派进行攻击。该模型采用名为"拍卖"的策略,各个单位通过估算被论文作者们称为"信念""渴望"和"意图"的标准,回应竞标请求,通过加权运算后得出竞标的量化数字。该软件使集群在快速变化的条件下平衡各种互相竞争的优先项,考虑它们的位置、速度和相互之间的距离("信念"),指派给它们任务的优先级("意图"),以及执行任务需要的强度("渴望"),后两个指标专为明确任务而设计。这些拟人化用语不仅仅是独辟蹊径,它们暗示随着技术集群对内外部状态的感觉知识、自主能动性和认知能力不断增强,它们具有的传统上人类特有的决策能力也在增强。

随着全自动无人机和其他自动化武器的出现,人们越来越关注使用它们的伦理影响。其中大多数讨论涉及《日内瓦公约》和类似议定书,它们要求这些武器必须"区分平民和战斗人员"(《日内瓦公约》第1附加议定书第 48 条,引自 Human Rights Watch,2013,24)。此外,国际人道主义法律禁止不相称的攻击,将之定义为"可能造成附带平民死亡、受伤、公民财产损失或以上几种的组合,这将远超预期中实在而直接的军事利益"(《国际人道法数据库》,引自 Human Rights Watch,24)。最后,额外的要求来自英国学者阿明·克里希南(Armin Krishnan)定义的"军事必要性",这是一个相当模糊的概念,他认为"对敌军事力量的使用不能超过战胜所需程度"(2009,91)。还有更模糊的"马滕斯条款"(Martens Clause),旨在涵盖《日内瓦公约》中没有明确规定的案例。它要求武器符合"人性原则"和"公共良知的要求"(Human Rights

Watch，25）。

假如哈佛法学院的人权观察（Human Rights Watch）和国际人权诊所（International Human Rights Clinic，IHRC）认为，包括全自动无人机在内的自动化武器，不可能按要求区分战斗人员和平民，特别是对于那些故意在平民中寻找掩护的叛乱者战术。比如，彼得·辛格（Peter Singer）描述过一个案例，枪手"把 AK-47 架在两名下跪的女性腿间，背上坐着 4 名儿童"（Singer 2010，303）。他们还认为无人机违反"相称性原则"（proportionality）和"军事必要性"，尽管"必要性"本身显然是一个变动的目标，鉴于构成它的因素明显依赖于情境，且极大地受到现有武器种类的影响。

当然，《日内瓦公约》签订于第二次世界大战的余烬，二战的特点是大规模国家对国家暴力、城市被轰炸、文化古迹遭到无端破坏，还有美国对广岛和长崎的核毁灭。随着远征战争的转向，叛乱分子袭击增多，美国无人机袭击持续增长，这些协议似乎已经严重过时，甚至不合时宜。我们为什么总要回归到这些公约？说到底，为什么明知战争的目的就是杀人和致残，还要装模作样关心其中的伦理？彼得·辛格发问，为什么已然酿下大错，还要试图决定其中的正义？这一问题直接回到"战争法"一词中隐含的矛盾修辞（309）。他的辩护是，《日内瓦公约》虽然可能已经过时，但它是我们现在已有和可能拥有的唯一一份针对战争行为的国际协议，因为另一场更具毁灭性暴力的世界大战尚且不存在。他相信，在战争中能够表现出克制的人，和愿意走向任何极端——不论多么残忍和粗暴——的"野蛮人"（309）之间存在重要区别。因此，争论这一命题就会陷入释义的深渊，因为何为"克制"和"野蛮"的行为，这和它们试图澄清的区别一样，需要依语境和文化而定。

　　我认为,评估有人驾驶和自动化无人机的伦理问题,更好的方法是借助认知系综概念中隐含的关系和过程视角。马克·科克堡(Mark Coeckelbergh)是少数极力主张从关系视角理解机器人学的哲学家之一,他观察发现大多数应用于机器人学的道德理论,都带有自由个人主义假设的特点,"伦理考量的主要对象[为]个体机器人"(2011,245)。相反,他认为"不论人类还是机器人,都应被放入相关于它们更广泛的技术—社会环境中理解"(245)。从认知系综的角度看待伦理问题,突出了技术和人类组成部分做出的阐释、选择和决策。在这一过程中,信息流动从无人机传感器开始,经过无人机软件做出选择,传感器和驾驶员对传输数据做出阐释,最终决定是否发射导弹,而这一决定涉及飞行员、他们的战术指挥官、相关律师,乃至总统顾问和工作人员。自动化无人机和无人机群可能会做出截然不同的选择、阐释和决策分布,但它们仍旧参与了由人类和技术认知体构成的复杂系综。

　　如此可见,这里的选择不是人类决策和技术实施之间的问题,偏好简单化图景的评论者有时这样解析形势,而忽略其中更为现实的复杂性。如布鲁诺·拉图尔(2002)所说,改变技术直观功能的手段,往往早已影响了想象这些手段的术语,因而目的和手段在连续循环的因果关系中共同构成彼此。也就是说,人类设计师扮演的特殊角色很难分配给技术系统,因为她能够在人类社会性和世界视野的语境下设想和评估伦理道德后果,这些超越了她所处的技术认知系统,是人类意识和非意识认知的独特贡献。因此,我们需要一种框架,它认可人类认知独特的、有价值的潜能,而不坚持人类认知就是认知的全部,或者人类认知在渗透它的技术认知体面前丝毫不受影响。将这种情况理解为技术系综强调了这一现实,也突出了人类和技术认知之间的相互作用，以及伦理责任在最终采取的无论何种行动中不对称的分布。

虽然认知系综方法可以为伦理问题提供有用视角，但它本身无法解决最紧迫的问题，即美军是否应该开发自动化无人机和无人机群，假如继续开发，又应该在哪些情况下部署它们。佐治亚理工学院的机器人学家罗纳德·阿尔金（Ronald Arkin）坚称，应将"伦理长官"（ethical governor）（2009,69）内置于武器软件中，它要求武器首先决定假定目标是否为战斗人员，然后评估是否满足相称性原则标准。这一提议在我看来极其天真，不光因为这些决定模棱两可，从本质上来说，更因为他预先假定武器设计者们认同这些标准。即使美国军方认同，如果其他国家和非国家实体设计的自动化武器无视这些限制，"军事必要性"是不是也会要求美国同样如此呢？

如此可见，这个问题不能直接依靠技术解决，而需要大量周密的辩论和反思，这一洞察突出人类认知体在认知系综中行动的重要性。最终，只有人类才能决定赋予技术行动者多大的自主性，我们始终会认识到，如同认知系综中其他的一切，这些选择受到技术认知的渗透。无数的声音认为不应该开发全自动武器，更不应该部署它们。人权观察和国际人权委员会在详析该问题的白皮书中总结："发展自动技术，应在人类被完全排除在［信息技术的］回路之外前停止。"（36）斯托克代尔中心为期一年的"伦理与新兴军事技术"计划，在第十届麦凯恩军事伦理与领导会议上告一段落，最终得出的结论也十分类似："自动打击系统的部署必须慎之又慎。"（Stockdale Center，2010,429）他们写道，甚至在部署之前，"我们强烈建议禁止在这些系统中置入'强人工智能'，这将带给它们学习甚至选择目的的能力，因为强人工智能极大可能带来不可预测性和/或减轻人类责任"（429-30）。谢菲尔德大学的诺埃尔·夏基（Noel Sharkey）更加直言不讳；"防卫一号"网站引用了他的话，"不要让它们完全自动化。否则它们会迅速扩散，你们这是在自掘坟墓"（Tucker，2014）。扩散风险是真实存在的；已经有 55 个国家具备生产或制造无人机库的能力。弗里德曼在附录中列出世界范围内投入使用的重量大于 50 千克的 UAVs，总名录竟有 220 页之多（Friedman，2010）。纽约市佩斯大学的马修·博尔顿（Matthew Bolton）雄辩地论述了通过 UAAVS 自动部署致命武力所带来的问题。"武器自动化的日益增强，对人道主义、人权法，以及国际和平与安全构成严重威胁……算法造成的死亡，侵犯了一个人固有的生命权、尊严和程序公道。"（Tucker 2014）

这些分析承认，开发自动化武器的可能性标志着战争形态将发生结构性转变。第一次和第二次世界大战中，各国需要动员大量人类，这将可能被空中战斗飞行器取代，它们能够自动运行，带来致命杀伤。现在，UAVs 的最低建造成本仅为 500—1000 美元，任何人只需要 100 万美元，就可以拥有一支 2000 架飞行器组成的机群大军，这显然不需要动用国库的大量资金。这种战争的性质显然不同于单架无人机袭击，它使人们看到，UAAVS 几乎可以被任何人用于在任何地方发动大规模攻击的可能性。

这个噩梦场景被丹尼尔·苏亚雷斯（Daniel Suarez）的《云端杀机》（*Kill Decision*，2013）以虚构的方式呈现出来。苏亚雷斯是汤姆·克兰西（Tom Clancy）实至名归的后继者，和克兰西一样，他的作品中充满对军事装备和作战行动的细节描写，但他对美国政策持更加批判的态度，也更同情乌托邦冲动。《云端杀机》的情节围绕琳达·麦克金尼展开，她是一名研究非洲好战织叶蚁的昆虫学家，却不知被何人标记为暗杀对象，千钧一发之际被神秘人奥丁领导的黑衣秘密军队所救。隐藏在暗处的敌人似乎想要暗杀了解他们制造 UAAV 机群所需知识的任何人，其中包括麦克金尼，因为机群辨别同类和协调攻击时散发出的信息素信号与她在蚁穴中的发现相同。

随着奥丁和他的队员（包括两只渡鸦）一路追踪 UAAVS，明显看出无人机代表一种新型战争。无人机目标暗杀的指令最初源于美国境内（这几乎一定会在现实中发生）。起初，政府隐瞒机群的本质，称它们是恐怖分子引爆的炸弹，受害者也似乎是随机选择的，完全没有共同点。但更大的阴谋还在酝酿，尽管罪犯隐藏在暗处。我们只知道，这一阴谋与美国拨款组建大型自动化无人机群的提案有关。

文本抛出的问题在于，既然 UAAVS 相比于载人飞行器和远程遥控 UAVs 具有相当大的优势，那么大规模自动化无人机战争是否在所难免？与其他相比，自动化无人机没有规模上限，因此能组建成千上万的大军。在小说中，由大量反舰无人机组成的 UAAVS 搭载于一艘庞大的商业货轮上，每架无人机都是全自动的，但能对机群化学信号作出反应。奥丁观察到，"通过自动化无人机，你不需要经过公民同意便可动用武力——你只需要钱。我们甚至不知道金主是谁。"（261）

正如小说表明，苏亚雷斯相信自动化武器必须受到国际条约的限制，否则我们将会陷入类似于《终结者》电影中的情况，失去对武器扩散的控制能力。他还暗示，可能发生这种情况的唯一政治环境是，美国首先发挥技术优势，成为第一个开发和使用无人机技术的国家，然后导致其他国家和非国家实体的无人机扩散不可避免。在对外关系委员会发表的一份报告中，米卡·赞科（Micah Zenko）写道："当下美国无人机政策的发展轨迹是不可持续的。如果不进行内部改革，无人

机有可能成为不受监管、不负责任的工具，导致各国纷纷有恃无恐地部署致命武器。"(2013,4)

讽刺的是，不受限的无人机战争的威胁，可能是美国率先改革无人机政策的最大诱因，这样做是为了争取国际协议，禁止无人机进一步扩散。这再现了美国率先开发——和使用——核武器的历史，当其他国家拥有核能力时，美国便以领导者姿态要求国际控制。不管多么讽刺，这一战略也确实将世界从全面核战争中拯救出来。当然，开发和建造核武器需要投入大量资源，因此很大程度上受限于受国家保护的大型企业。自动化无人机则廉价得多。同样的策略能否适用于它们，还有待观察。

人类情绪和技术认知

目前为止，我的论点强调人类和技术认知的交互方式，但是二者的认知能力存在显著差异。技术认知的特长是速度、计算强度和快速数据处理；人类方面则是情绪，包罗万象的世界视野，以及理解他人心灵的共情能力。机器人学家阿尔金倾向于将人类情绪表现为战士的弱点，会干扰判断并导致决策失误(2010)。然而，情感和同理心也有积极的一面；作为认知系综的一部分，它们可以做出重要贡献。

法国理论家格雷古瓦·沙马尤(Grégoire Chamayou)将自杀式炸弹袭击者称为"除了身体之外一无所有的人"(2015,86)。对于"基地"组织和伊斯兰国等团体来说，这句话显然有误；他们还有 AK-47、火箭手榴弹、自杀式炸弹、简易爆炸装置等其他各种武器。不过也有真正除身体之外一无所有的反抗：上百名真理永恒派(satyagrahis，抵抗者)

追随甘地，来到印度达兰萨拉盐场，遭受英国士兵的毒打。出于原则上的理由，有意让自己处于暴力之下的脆弱境地，能够激发出见证者的强烈情绪，正如达拉萨那盐场事件激发了全世界的愤怒。无论有意还是无意，脆弱性也会引起施暴者强烈的情绪，某些情况下甚至导致他们拒绝将暴力视为可行途径。

布兰登·布莱恩特（Brandon Bryant）便作出了这样的选择，在担任美国空军无人机传感器飞行员几乎6年之后，他拒绝继续工作，谢绝了一笔延长服役的10.9万美元奖金。最终他寻求心理治疗，被诊断出患有创伤后应激障碍。记者马修·鲍尔（Matthew Power）指出，这一诊断代表"从关注战时对他人实施的暴力，转移到他对被害者所作所为的感受上——或者他没能为他们做些什么的感受"（2013，7）。沙马尤将这一转移视为美国军方强调无人机飞行员也是受害者的冷血策略，但这样解释没能公正地对待布莱恩特所遭遇的"噬魂之痛"（Power，7）。尽管无人机驾驶员遭受的伤害远远小于他们杀死或致残的人，他们中的一些人经历的真正"道德伤害"（Power，7），恰恰可以理解为人类情绪对认知系综的贡献之一——情绪是生物生命形式独有的，技术系统中没有真正的对等物。

和情绪、语言、人类社会性与躯体反应一样，技术适应性对于现代人类的形成同样至关重要。是否应将战争纳入上述范畴还有待商榷，但20和21世纪告诉我们，它会继续存在，尽管改变了形式。随着连接我们与设备的信息网络和反馈回路日益扩散、加深，我们不能再盲目幻想仅凭意识就能把控方向。我们应该如何重新想象当下的认知生态，使之有益于生命，而不是走向人类和非人类的失能和灭亡？认识到非意识认知在人类/技术混合体中发挥的作用，并将它们概念化为认知系综当然不是万全之策,但也是必要的组成部分。

就文化批评者而言,准确了解信息交换如何在认知系综中运作,是一个关键的出发点,在此基础上发展出分析和观点,从而调整和转变,部署或放弃,向前推进,或者——作为反例——达成禁止自动化武器系统的国际公约。因此,为这些分析提供概念支撑是高度政治化的行为,不论在军事语境中,还是在其他技术非意识认知渗透人类系统的日常语境中,都是不言自明的。

我们需要认识到,当我们设计、执行和扩展技术认知系统时,我们多少也在设计我们自己,同时影响行星认知生态:因此,我们必须谨慎。只有更准确、更全面地了解我们的认知与技术系统和其他生命形式的交融,我们才能做出更好的设计,在认知系综中感受更谦卑的人类角色,也更坚定地实践对生命价值的肯定。随着我们迈向未来,我们将集体决定技术自主性应当且将要越发成为人类复杂系统固有部分的程度。

第六章 时间性与认知系综：金融资本、衍生品和高频交易

第五章通过调查城市基础设施和个人助手等对象，阐述了认知系综的工作原理。本章将关注一系列金融资本领域中人类和技术认知紧密纠缠更有限的实践，尤其是金融衍生品。这里考虑的关键问题不仅包括信息流动、选择和阐释，还有这些认知系综创造时间回路的趋势，这些时间回路会快速失控，且不受稳定性的打磨。

另一问题是，技术认知体在高频交易（HFT）中的运行速度与系综中人类认知时间线之间存在巨大速度差异。高频交易融合更快的处理速度、更大的计算内存和近乎光速传播信息的光纤电缆，在人类与技术认知之间引入时间差，为技术能动性创造了一个自主领域。在这个"间断能动性（punctuated agency）"空间内，算法在几毫秒内做出推论，分析语境，并做出决策。当衍生品开始主导金融交易，高频交易应运而生。衍生品固有的复杂时间性与高频交易的变化时间性相互作用，进一步增大金融市场的脆弱性，及其面对反馈回路和自扩动态时

的薄弱性。分析这些影响，将有助于探究技术和人类认知的互渗如何重新定义人类行动者活动的景观。

占据主导地位的决斗算法（dueling algorithms）创造出一种机—机生态，在很大程度上取代了先前混合的人—机生态，从而创造出技术自主领域，能够且确实会带来灾难。在这层意义上，本章将延续上一章结尾，继续讨论人类认知在设计过程中的重要性，尤其是要明确认知体将拥有的自主性类型，以及技术自主性将运行的领域。在高频算法案例中，当前行使技术自主性的后果包括：威胁金融市场稳定性的"黑天鹅"事件频率不断增加，人类能动性、技术能动性的分布发生根本性变化，以及算法之间涌现的复杂生态，它破坏了许多经济模型依据的有效市场假说，甚至让它们彻底过时。由于高频交易显著提升了风险，也加剧了不平等，因而它是一个重要研究对象，帮助我们探索如何有效干预系统性手段，创造出更可持续、公正和公平的结果。

我们将看到，取得这一结果的关键是改变时间生态，这样才能让人类行使更大的决策权，同时限制机器的自主行动范围。正如此前关于自动化武器系统的讨论，这里的重点是了解认知系综的运作方式，这样才能为建设性干预和系统性转变提供关键资源。

复杂时间性和衍生品

追随米歇尔·塞尔（Michel Serres）的步伐，布鲁诺·拉图尔发展出技术人造物的时间折叠（temporal folding）概念。他以一只普通的锤子为例，做出如下描述。他写道，这只锤子包含异质的时间性，包括"浇铸之前的矿物，用来制作手柄的橡木……从德国工厂完工到进入市场之间的10年"(2002,249)。它不仅将过去折叠进内部，还折叠了未来，因为它预见并且使未来成真，比如它即将锤击的钉子。(也许锤枪这个例子更好，它不仅催生了钉匣的发展，还促进了适合快速打钉模式的新型建筑材料的出现。)

所有技术人造物都包含这种异质的时间性，但衍生品的时间性尤其复杂，因为它们的本质是未来合约。为了方便说明，我们可以参考英语中被称为"将来完成时"的动词时态，或更优雅的法语表达 the futur antérieur，或者"先事将来时"(future anterior)。先事将来时是过去和将来的奇怪混合体，它表示为复合动词"will have been"(将已经)，比如"I will have been done by next week"(下礼拜我将已经完成)。它展望未来(*will*)，然后转头回望这个未来的时间点，好像它已经发生了一样(*have been*)，就这样通过现在的表达将过去与将来缝合在一起。这种双重回望动作(doubling-back movement)对价值问题有重大影响。昨天的报纸，如果我们能够在昨天之前阅读，它将是无价之宝；今天它却一文不值。这一俗套是电影《记忆裂痕》(*Paycheck*,2003)的基础，片中迈克尔·詹宁斯(本·阿弗莱克饰)为一家跨国企业完成了一项任务，他脑海中关于任务细节的记忆被抹去，却发现过去的自己用数百万美元薪水换来一纸信封，里头装着看似毫无价值的廉价首饰。然而，最后正是这个信封成了他的救命稻草，因为过去/将来的自己已经(预)见到了结局。

伊利·阿亚什(Elie Ayache)是一位金融衍生品交易员，同时也是文化理论家，他在《黑天鹅：概率的终结》(*The Blank Swan：The End of Probability*,2010)一书中指出，时间折叠也涉及对语境的潜在或实际改变，这一过程通过书写(*writing*)行为创造。衍生品作为书面合同,展望未来的到期日,之后再向回看,将这一未来日期视为已经发生,从而将它与执行价挂钩(衍生品到期时的价值)。这种复杂的时间性,早在第一笔衍生品交易书写后就已生效,随着高频算法的使用,其效力和普遍性在当下阶段更是呈现指数级暴涨,在其运行的微观时间性中创造出自己的将来完成时。这些时间领域是人类认知天生无法企及的,只能通过时间窗口追踪电子踪迹,这对算法来说早已失去时效性,但对充满好奇心的人类来说却处在意识认知的未来。

如阿亚什所说,衍生品可以被视为一种书写形式,书写发生的语境具有内在复杂性,因为衍生品内含时间折叠。语境和书写/阅读在动态互动中不分你我;它们稳定彼此,同时作为流动可变性运转,随时间发生变化。这一情形在博尔赫斯的短篇小说《〈吉诃德〉的作者皮埃尔·梅纳尔》("Pierre Menard, Author of the *Quixote*",1994)中得到有趣的体现。故事中的梅纳尔是一位 20 世纪法国批评家,他试图再创造《堂吉诃德》——不是根据记忆仿写或重建,而是全凭自己的想象重写,最后的作品与塞万提斯的原著一字不差。博尔赫斯评论道,塞万提斯笔下轻易呈现的思想,对于这位 20 世纪的作家来说几乎无法想象。"真实,它的母亲是历史"(1994,53)是博尔赫斯选择的例子;对于经历过种族大屠杀、奥威尔《1984》般的社会和政治强人时代的人来说,这句话意味着什么? 更不要提解构主义运动了。阿亚什借用博尔赫斯的小说指出,书写是持久的铭刻,它们不仅有潜能将语境中无序混乱的信息流汇成统一的语言流,从而使语境平滑化、线性化,而且能够通过与语境互动来创造一种断裂,然后逐渐改变语境。阿尔君·阿帕杜莱(Arjun Appadurai)也在最近的著作《文字银行业:衍生品金融时代语言的失败》(*Banking on Words：The Failure of Language in the Age of Derivative Finance*，2016)中强调衍生品的书写本质，他认为 2008 年金融危机根本上是一次语言的失败。

将来完成时中复杂的时间性简直是为了金融衍生品定制的，它们的运行甚至改变了其所处的语境，但更甚，衍生品通过它们作为衍生品的运行进一步改变了语境。为了更好地说明，我们可以简要回顾衍生品的书写和交换方式。形式最简单的(香草①)衍生品，是为标的资产(underlying asset)提供的保险或对冲手段。假设你以 100 美元/股的价格购入 100 支 A 股，坚信股价会上涨。但你也知道股价有可能下跌，所以你购买一支衍生品，让你在未来某个特定日期以 100 美元的价格卖出股票。如果股价顺利上涨，你能赚上一笔。如果下跌，你的损失只有当时购买衍生品的价格，比如 10 美元。如果你认为股票会下跌，对冲手段以相反的方式发挥作用；在这种情况下，你购买一支衍生品，你可以在未来某天以确定成交价卖出，即使那时的市场价更低。这样，你可以在不购买任何股票的情况下出售期权，比起购买股票本身，这种做法会显著提升你的杠杆率。这说明了衍生品能以自身的价值进行交易，独立于基础资产。

既然衍生品的价值随时间改变，它的价格必须通过概率建模得到。衍生品价格的计算方程，由费希尔·布莱克(Fisher Black)和迈伦·舒尔茨(Myron Scholes)开发(1973)，由罗伯特·莫顿(Robert Merton)进一步完善(名为 BSM，布莱克—舒尔茨—莫顿期权定价模型)，它的计算基于标的股价(underlying stock price)、无风险利率

---

① 香草，英文为 Vanilla，冰激凌中最普通的口味，此处指代金融术语中的 plain vanilla option，即普通期权。

(riskless interest rate,比如定期存款凭证的利率)和"隐含波动率"(implied volatility)或标的资产价格变动率。既然在公式中,除衍生品价格和隐含波动率以外已知所有参数,我们可以假设一个隐含波动率数值,以此计算价格,或者"反向"运行 BSM,根据衍生品现行市价倒推出隐含波动率。波动率越高(意味着标的股价作为时间函数发生更大波动),衍生品价格也就越高,因为变化越多意味着标的资产对冲风险越大。

BSM 的主要成就,以及它的发展与衍生品市场迅速膨胀密切相关的原因,在于它展示了一种能够对冲标的资产的定价方式,使风险消失。(至少理论上如此!)这通过一种名为"动态复制"(dynamic replication)的策略实现,其中交易者持有的标的票仓会随股价(以及相应的衍生品价格)不断变动。BSM 针对不同现实做出不同的假设(比如交易成本为零,于是任何人都可以随时买进卖出而不影响市价),但毫无疑问最重要的是价格波动符合均衡模型。绘制价格变动曲线时,该模型假设它们的趋势符合正态分布,从而得出著名的钟形曲线。(通常使用变动值平方的对数;这被称为对数正态分布。)基于纳西姆·塔勒布(Nassim Taleb)的"黑天鹅"论证,即极不可能发生的事件反而可能产生大规模影响,阿亚什在此介入并指出决定性的断裂可能而且确实会发生,这便使得均衡假设站不住脚。"黑天鹅,"他写道,"是一种非概率性的语境变化事件,或者换句话说,是纯粹的偶然事件。"(2010,11)

那么,又是什么决定了衍生品的价格呢?根据阿亚什的说法,是市场本身。回忆一下之前所说,在价格已知的情况下,人们可以解决 BSM,得出隐含波动率。因为市场既决定价格,又决定波动率,这意味着它在某种递归循环中运行,仅仅依赖于市场自己的表现而非其他。因此阿亚什认为,市场是"一个本体论问题,甚至是最根本的那种"(2010,11)。他得出了一个(对我来说)十分可怕的结论,即市场本质上不可预测,人们充其量只能说市场就是接下来发生的事,不管接下来会发生什么。尽管市场在一些时间段内似乎符合一个均衡模型,但它总是面临偶然和无法预测的发展。阿亚什将衍生品书写视为"偶然承诺"(contingent claims),通过内在于它们运作方式的时间折叠,将不可控、不可测的未来投入给现在。关于这一点,沃伦·巴菲特有一句著名的总结概括:衍生品就是金融界的大规模杀伤性武器(Buffet 2002)。

衍生品带来的脆弱性,由于完全不受管控的场外市场交易(over-the-counter,简称OTC)衍生品大量扩张而加剧。1996—1999年担任商品期货交易委员会(Commodity Futures Trading Commission,简称CFTC)主席的布鲁克斯利·博恩(Brooksley Born),试图将机构监管权扩展到OTC,却遭遇了庞大的阻力,最终国家采取立法行动,禁止CFTC进行监管。公共广播电视公司(PBS)的纪录片《警告》(*The Warning*,2010)对该事件进行了具体的还原。正如纪录片标题所示,事后想来博恩的担忧似乎完全合情合理。在她尝试规范OTC失败后不久,长期资本管理公司(Long-Term Capital Management,简称LTCM)宣告破产,而衍生品就是这次失败的罪魁祸首,具体缘由将在下文详细阐述。

衍生品书写带来将来完成的时间循环,使之成为一种脱离实在经济基础的推断形式,在机会之风的吹拂下飘忽不定。布莱恩·罗特曼(Brian Rotman,1987)基于货币兑换分析衍生品:"任何特定的、未来的金钱状态,到期时都不会是'客观的'存在,参照所指蛰伏在某处,由'真正'的交易力量决定,但将已经产生于注定要预测它价值的牟利活动中。期权和期货为投机和保险提供防止汇率波动带来金钱损失的策略,但这些策略却成为决定费率无法解释的一部分原因。"(1987,96,着重为作者添加)通过使用将来完成时,罗特曼在分析中重溯了衍生品呈现的时间折叠。时间折叠了两次。

创伤、抑制与市场

你也许会反对,这肯定不能是真的。阿亚什对完全偶然性(perfect contingency)的归因,难道不是与市场通常遵循的均衡表现相矛盾吗?诚然,阿亚什认为市场的本体论力量是失控脱缰的新自由主义幻想。昆汀·梅拉苏(Quentin Meillassoux, 2010)关于偶然性的绝对性本质的哲学观点也助长火势,被他运用到金融资本上。在另一种反面观点中,斯科特·帕特森(Scott Patterson, 2010)称之为"真理(The Truth)",他在轻松的、小报一样曲折离奇的描述中,揭示了对冲基金交易员积累的庞大财富和膨胀的自我,他坚信市场是理性的,遵循一贯规律,且按照可预测的轨迹发展。在过去一个世纪的交易中,人们无不在寻找"真理",因此值得我们更进一步探究均衡模型背后的假设。

比尔·莫尔(Bill Mauer, 2002)在一篇关于"神学抑制"的文章中,首先介绍了平衡模型的历史。该模型源于亚伯拉罕·德·莫维尔(Abraham de Moivre)的发现。1773年,德·莫维尔注意到,测量错误总是跟随我们现在所说的钟形曲线发生,即绘制随机事件时惯常出现的分布。对德·莫维尔来说，钟形曲线是神迹降临的证据，上帝的指纹再次使人类相信，即使是表面随机的事物背后也隐藏着秩序。莫尔认为，随着世界变得越来越世俗化，对正态分布中神之旨意的直接认同慢慢淡去，或者更确切地说，它深深嵌入成为一种不被承认的预设，他称之为"神学无意识"（theological unconscious）。他举例，当大学生被要求进行一系列测量，如果得到的结果与钟形曲线分布不同，他们常常篡改测量结果，从而不知不觉中再演了神学无意识。弗洛伊德所说的无意识，建立在一种原始的创伤之上，这种创伤被压抑（repressed）后作为一种症状回归。同样，莫尔认为神学无意识的形成，是通过压抑莫维尔认为他所察觉到的神学联想，随后作为一种症状回归。而这一案例中的症状，是指模糊了现实与现实模型之间界限的行为，即股票市场的实际表现和描述它的均衡模型之间的界限。这也符合唐纳德·麦肯锡（Donald MacKenzie）的观点（2008），他将金融模型称为"一台引擎，而不是相机"，认为模型驱动了市场，而非仅仅折射它的既存现实。

BSM可以说是最具影响力的市场模型，均衡假设通过它进入莫顿的股价观，遵循一种类似于分子随机（布朗）运动的"随机游走"（random walk），最终形成上述提到的钟形正态。这一假设与有效市场假设（efficient-market hypothesis，简称EMH），或市场"在信息上有效"的观点密切相关，即所有参与者共同享有关于过去和当下发展的信息，且这些信息已经反映在价格中。换句话说，EMH假设价格能够准确地折射任何给定时刻存在的世界的状态。作为一种必然结果，该模型也暗示，长远看来一个人不能获得超过指数平均值的超额利润（实证数据验证了这一结果）。矛盾之处在于，BSM在建模衍生品应有的"最优"价格时,也使交易者发现错误定价的衍生品,以高于或低于 BSM 模型预测的价格出售,从而提供套利机会(同时买卖资产,从中赚取差价)。模型预测在此作为理想标准,所有市场价格都会偏离它,形成另一种自我指涉循环的情况,它通过倾向于将现实与模型靠拢的操作,渐渐隔绝它与现实的不符之处。

麦肯锡(2008)在对 BSM 与历史上衍生品价格的高匹配度的细致分析中,将历史划分为"三个不同的阶段"(202)。第一阶段为 1973 年 4 月之前,即芝加哥期权交易所开市运营的那一年,当时"市场价格模式与布莱克—舒尔茨预测价值之间存在显著差异"(202)。第二阶段为 1976—1987 年夏天,这一时间段内价格与布莱克—舒尔茨预测相匹配。接下来的第三阶段为 1987 年至 2005—2006 年(麦肯锡写作的时间),其间匹配度再次降低,"特别对于指数期权来说"(即与"标准普尔"等主要交易指数挂钩的期权)。

麦肯锡的解释十分有趣。他推测,一旦交易者如前所述开始使用 BSM,他们的活动就会使实际价格与模型预测更加吻合,因为他们使用该模型来决定衍生品价格何时过高或过低,并采取相应行动。麦肯锡提出,1987 年 10 月市场崩盘带来的金融海啸,给当时的交易者造成巨大创伤,在他们的心理上留下永久的伤疤,导致他们给出高于模型预测的期权价格,作为察觉更高市场风险的无意识补偿。用莫尔的术语来说,我们可以将其看作一种症状,不是神学无意识的症状,而是与之截然相反:发现上帝的金手指并不会眷顾每一次交易,因而作出情动(且并非完全有意识的)反应;有时疯狂旋涡所引发的灾难,比起神圣降临看起来更像恶魔之舞。

麦肯锡指出,1987 年崩盘的持续创伤,导致了所谓的波动率微笑

（volatility smile），或称波动率假笑（volatility smirk）和波动率偏斜（volatility skew），如此得名是由于波动率似乎总与执行价相背，向上或向侧面弯曲，而不是如 BSM 预测的那样呈现水平状。"鉴于经验价格分布偏离 BSM 模型对数正态假设的程度，这种偏斜似乎比这样简单解释更加极端，"麦肯锡写道（2008, 204）；他继续，"价格可能已经吸纳了人们对 1987 年危机重演的恐惧"（205，着重为原文）。为了避免这种解释显得牵强附会，我们应当铭记经历过 1929—1939 年大萧条的一代人，以及这段历史在他们生活中打下的烙印。我仍记得我的祖母，1929 年春天丈夫突然去世，留下她一个人供养 4 个年幼的孩子（此前她从未离家工作）。在之后的生活中，她保留下一些碎绳，用它们来编织橱柜的花边。一般来说，节俭的习惯不允许她做这样的装饰，除非用那些反正也只能丢弃的废料。当然，那一代人早已归于尘土。1987 年的崩溃已过去 28 年，那时还未出生的年轻交易员们，如今正在书写衍生品。如果恐惧挥之不去，产生它的机制是什么？又是什么样的动态创造出如此猛烈的断裂，让平衡模型变得一文不值？

反馈回路：概率的阿喀琉斯之踵

为了回答这些问题，我认为引用麦肯锡执行的详细案例研究行之有效，该研究是为了查明大型市场崩溃的缘由。其中一项研究有关长期资本管理公司（LTCM）的崩溃，这是一家从事衍生品交易的公司；正如麦肯锡关于 1987 年崩溃的类似调查，反馈回路在其中扮演重要角色。1994 年，约翰·E. 梅里韦瑟（John E. Meriwether）创立 LTCM，他拉拢了 BSM 创始人迈伦·舒尔茨和罗伯特·莫顿担任董事会成员,二人后来于 1997 年获得诺贝尔奖(费希尔·布莱克当时已经逝世,失去了获得诺贝尔奖的资格)。本质上说,公司交易策略紧紧围绕着套利进行,意味着他们寻找异常或错误定价,然后创造期权来利用它们。麦肯锡引用的一个例子,是 30 年期国债与"奇数年"29 年期债券的价格对比(2008,216-17)。30 年期债券的销售价格通常高于 29 年期债券,但随着到期日临近,价格会趋于一致,因此 LTCM 创造了一种期权,做空 30 年期债券,做多 29 年债券。如果坚持至到期日,该期权必然会使公司盈利,但同时也会出现严重问题,导致需要更多抵押品,因为 LTCM 的杠杆率有时高达 40:1(平均值是 27:1,说明这对于对冲基金来说并不罕见)。

1998 年 8 月 17 日,俄罗斯宣布以卢布结算的债券违约,该事件引发了"安全投资转移"(flight to quality),即投资者逃离非流动资产或风险投资,寻求流动性更强、更安全的投资。根据麦肯锡的说法,LTCM 曾预计某些事件可能会导致安全投资转移,因此要求投资者将资本保留在公司 3 年时间(2008,230)。然而就在这时,相对价格(上述例子中 30 年期债券和 29 年期债券之间的差价)开始扩大,套利者开始削减仓位,实际上加剧了价格压力。

随着损失的增加,LTCM 遭受巨大打击,1998 年 8 月损失了 44% 的资本。梅里韦瑟派发给投资者的月报吹响了死神的号角。虽然他认为这是一个绝佳的买入机会,但当投资者看到数字,便成群结队地撤资,导致 LTCM 陷入危机,徘徊在失败的边缘。的确,梅里韦瑟是正确的;如果 LTCM 坚持得足够长久,它最终一定能从急剧下跌的价格中获利丰厚。这种情形让人回想起约翰·梅纳德·凯恩斯(John Maynard Keynes)的名言:"市场保持不理性的时间,比你保持偿付能力的时间要长。"(转引自 Lowenstein，2001，123)时间不等人。9 月 20 日，纽约联邦储备银行的官员和财政部部长助理加里·金斯勒（Gary Gensler）会见了 LTCM 董事会，迅速达成一项协议，14 名 LTCM 最大债权人同意向该基金注入 36 亿美元，而作为回报，他们获得了公司 90％的股权。

　　虽然麦肯锡承认安全投资转移是破产的主要因素，但他认为还有另一种力量在起作用。LTCM 的成功和非凡的利润率（一些年中高达 40％）催生了大量模仿者，他们试图从 LTCM 的行动中推断出它遵循的经济模式，然后相应调整他们的模型，从而制造出麦肯锡所说的"超级投资组合"（superportfolio）(MacKenzie，2005)。实际上，LTCM 的成功招致模仿，模仿者越多，投资环境就变得越来越单一，因此也更加脆弱，容易受到干扰破坏（这是生态学中为人熟知的结果）。尽管具体情况与 1987 年危机有所不同（较早的案例始于投资组合保险和机械抛售，后来的始于套利），但二者类似的一点凸显出来：两次危机都与反馈回路有关，它脱离平衡模型的限定范围，陷入了自我巩固的螺旋式下坠。

　　由于舒尔茨和莫顿位列 LTCM 董事会中，许多评论者得出结论，公司的崩溃表明 BSM 模型根本不起作用。其他人将公司破产归因于贪婪、过高风险和/或过度杠杆，但麦肯锡却煞费苦心地强调 LTCM 采取的保障措施，及其在预估和现金储备方面的（相对）保守态度。我从他的分析中得到的收获是，即便有谨慎的计划、压力测试和诺贝尔奖获得者的智慧，也不足以避免衍生品时间折叠的后果，从而导致价格不稳定和语境的断裂。当适合反馈回路出现的条件成熟时，它们就会爆发，常常伴随着灾难性后果。此外，历史证明条件迟早会达到成熟，就像2007—2008年的金融海啸和随之而来的大萧条那样,直到如今我们仍然没有恢复。

全球化、"超特权"和2007—2008年金融危机

反馈回路是否也是造成2007—2008年危机的主要因素呢?当然,它们在其中起到一部分作用,但此外还有大量其他金融罪行参与其中:高杠杆、高风险、欺诈、剥削、两面派和我们熟悉的贪婪人性。衍生品主要参与了两类骗局:信用违约交换(credit default swaps)的使用和作为次级抵押贷款(subprime mortgages)的期权。信用违约交换保障债权人免于贷款违约;2007—2008年前夕,美国提供信用违约交换的主要机构是美国国际集团(American International Group,简称AIG)。AIG为捆绑资产的衍生品提供保险,其中次级抵押贷款被"份额"(tranched)处理,也就是分成一个个小份额,归入不同的风险等级,作为担保债务债券(Collateralized Debt Obligations,简称CDO)出售。贷款还款额首先流入最高份额,只有当那些债务被还清,收益才会流入下一份额,以此类推。最高等级的份额被评级机构(他们的雇主机构正是他们评级的对象)评定为AAA级投资,尽管所有份额的基础都是高于正常违约率的风险投资。此外,信用违约交换总体上和衍生品一样,能够独立交易而不需拥有次贷标的资产,随着更多投资者涌入,这一事实也让投机泡沫越涨越大。

随着经济状况趋紧,大量次贷开始违约,此时AIG无法还清债务,面临着巨大的流动资金危机和破产可能,但它获得了美联储850亿美元紧急财政援助,理由是它大到不能倒——这在当时是历史上最大规

模的紧急财政援助计划。最终，在财政部的额外资金支持下，救助金激增至1832亿美元，随后AIG被迫出售大量资产以偿还政府贷款。由于大量贷款违约导致信贷紧缩，几乎所有经济部门都受到影响。这里反馈回路的范围是全球性的，先是美国股市自由落体式下跌，然后波及中国、欧洲和其他地方的股票市场。

因此，这个故事不仅仅关于美国经济，也关乎世界金融体系。麦肯锡报告了迈伦·舒尔茨对LTCM失败的反思：“也许‘长期’的错误在于……还没有充分认识到世界正在变得越来越全球化”（MacKenzie，2008，242）。随着我们讨论的范围扩大到世界经济，我转向雅尼斯·瓦鲁法克斯（Yanis Yaroufakis）的分析，即美元作为世界储蓄货币而使美国享有的“超特权”（exorbitant privilege）（2013，93）。[①] 1971年，尼克松总统宣布布雷顿森林协议无效，美元与金本位脱钩，准许货币之间相对浮动。这样一来，美国的霸权地位和美元名声在外的稳定性，吸引了大量对美国的投资，包括长期国库券和公司债券。

瓦鲁法克斯指出，自20世纪70年代起，衍生品的指数级增长实际上是私人资金数额的激增。由于衍生品是在当下针对未来某些事件书写的交易合约，它们以小博大，利用与公司所有权“实体经济”相关的股票等标的资产，创造本身具有市场和交换价值的金融工具。这样的市场数量越多，金融经济就扩张得越大，尽管罗伯特·布伦纳（Robert Brenner，2006）强有力地指出，自20世纪70年代以来，实体经济可能一直停滞不前，甚至在不断萎缩。

[①] 瓦鲁法克斯采用的“过分特权”一词，出自戴高乐总统1959—1962年财政部长瓦莱里·吉斯卡尔·德斯坦（Valéry Giscard d'Estaing）之口。他用这个词形容他所描绘的“在没有任何全球体系化限制下美国随意印钞的独一无二的特权”（Yaroufakis，93）。

与通货膨胀的货币供给并行，自 20 世纪 70 年代以来，美国一直处于双重赤字，即国债和贸易逆差。瓦鲁法克斯雄辩地诘问："谁来为赤字买单？很简单：世界其他地方！怎么做呢？通过一种永久性的资本海啸，一刻不停地席卷两大洋彼岸，源源不断地向美国输入资本以缓解双重赤字。"(2013,22)这些资金从中国和德国等盈余国家流出。瓦鲁法克斯的写作充满激荡人心的愤怒和狂热的修辞，①他追溯了美国从二战后的"全球布局"(Global Plan)——当时美国利用盈余在欧洲和日本投资——转向"全球米诺陶(Global Minotaur)"——他用这一形象来描绘金钱从盈余国流向美国，美国的消费者用这些钱购买来自盈余国的商品，导致债务层层累积，但又持续受到外国资本的扶持，进而加剧双重赤字，如此循环往复。瓦鲁法克斯认为，2007—2008 年的危机使这一循环难以为继。不管如何，很显然债务循环不是一个可持续的模式，因为双重赤字不可能不计后果地永远增加下去。根据瓦鲁法克斯的说法，全球米诺陶的消亡使全球经济失去可行的国际贸易和资本流动机制，我们也不能对大衰退掩耳盗铃，除非这个问题得到解决。

悉尼大学政治经济学副教授迪克·布莱恩(Dick Bryan)，及其合著者澳大利亚卧龙岗大学商学院迈克尔·拉弗蒂(Michael Rafferty)，为 20 世纪 70 年代衍生品的指数级增长提供了另一种解释(2006)。他们认为，衍生品的抽象性本质提供了一种可以达到时间和空间上通

---

① 一个相关信息是最近据称为伊斯兰国宣布再次发行金第纳尔的视频，这种货币被视为一种"真实"货币与美元抗衡，视频中将美元称为假钞或者毫无根据的货币。显然这个宣传视频有其自己的目的，但它提到的事件，包括美国在 20 世纪 30 年代为了国内货币放弃金本位，之后于 1971 年为了国际贸易放弃国内货币，事实上都是正确的。

约（commensuration）的方式，从而能够在舍弃金本位后有效地锚定跨国资金和资本流动。这一点可以通过由次贷份额组成的 CDO 来说明。任何一项抵押都与作为担保的特定房屋和负责支付抵押贷款的特定债务人绑定。如果债务人违约，债权人不太走运，所以传统上向抵押贷款借钱的银行十分谨慎，需要确保债务人信誉良好，能够负担贷款。但是，如果将同一资产附带数百其他资产一同作为 CDO 出售，情况就会发生重大变化。首先，如果出售 CDO 的公司变成有毒资产也不会受到影响，因为他们已经在销售中获得了佣金。其次，购买 CDO 的债权人通过 AIG 为它们投保，因此如果 CDO 无法兑现现金流，AIG 有责任进行赔偿。当 AIG 自己濒临破产时，政府会采取救助措施，美元换美元。因此，风险一次又一次地转移，最终落到纳税人的头上，由他们来支付账单。再加上通约效应，现在风险已经蔓延到世界各地。

这个系统有两种后果。首先，衍生品作为瓦鲁法克斯所说的私人资金形式，不断造成货币供应通货膨胀，将越来越多的资金注入这些周期。其次，金融经济占据总体经济活动的比重越来越大，而实体经济却在萎缩。结果是，分析金融衍生品的效用比以往任何时候都更加重要，包括研究高频算法和技术认知正在如何改变金融资本格局。这引导我们回到认知系综和衍生品复杂时间性的另一个维度，而这一次将发生在人类和技术认知体不可通约的时间线上。

高频交易算法和 2010 年 5 月的闪电崩盘

这里不妨分享一个例子，来说明交易算法如何通过递归反馈回路参与双向因果关系,有时得出违背人类理性的结果。亚马逊上一本名为《苍蝇的成功》的第三方售卖图书,10天内从199美元起始价格涨到2400万美元——准确地说,是23698655.93美元,不包括运费(2011年4月25日CNN报道)。这样荒谬的价格是如何产生的呢?一个卖家的算法将该书定价为另一卖家算法定价的1.27倍,后者又会将价格调整为前者定价的0.998倍。例如,如果第二个卖家将该书定价为100美元,则第一个卖家的算法将其定价为127美元。根据这一修改后的价格,第二个算法会将价格调整为126.75美元,然后第一个卖家的算法又将价格抬高至160.96美元,依此类推,直到书价高达数百万美元。当然,任何一个比算法更理解世界,也拥有更宽阔世界视野的人类,都会发觉这个数字高得离谱。

什么时候以及为什么会发生这样的市场革命,将人类交易者的行动转移给自动交易算法,尤其是高频交易算法?[①]《华尔街日报》作家斯科特·帕特森(Scott Patterson)追溯了自动交易的历史(2012)。他将约书亚·莱文(Joshua Levine)为德泰(Datek)公司设计的程序作为算法交易的起源,该公司原本在极讯(Instinet)平台上进行交易,该平台允许公司之间直接买卖股票,从而免去纽约证券交易所收取的费用。德泰要求极讯降低服务费,遭到拒绝后离开自立门户。于是莱文为德泰设计了岛屿(Island),一种新型的电子交易池,岛屿中的算法后来被调查和命名为"匕首(Dagger)""狙击手(Sniper)""袭击者

---

① 自动化交易指任何执行买卖订单的电子算法。它们可以包括那些花费一天或更多时间执行大型交易订单的套利软件。高频交易是自动化交易的一个分支;高频交易的运作时间以毫秒计算,因而常常带来短暂的资产持有(最多几秒钟),直到资产被再次卖出或买进。

(Raider)"和"神秘人(Stealth)"等,它们彼此之间互相竞争,利用尖端人工智能技术买进卖出,反应时间以毫秒为度量。1996年1月,莱文向他守望者(Watcher)程序的用户发送了一封电子邮件:"我们希望岛屿变得美好、公平、便宜、快捷。我们在乎。我们友善。选网(SelectNet)由纳斯达克运营。他们不在乎。极讯由路透社运营。他们并非善类……为何不加入我们的岛屿呢?"(转引自 Patterson,2012,121)

当莱文表示极讯"并非善类"时,他指的是高频算法交易员欺骗其他交易员,甚至是他们自己的客户,这得益于极讯这样的交易平台能够向公众隐藏他们的出价。例如,交易者可以提出为客户购买大量股票,把价格推高,同时以新高价在极讯上提供抛售相同的股票。客户不会知道这笔额外交易的存在,因为他看不到极讯那边的出价。在其他操作中,交易者会提前交易(front run)股票。例如,如果交易者提交了购买10万股X公司的股票订单,更快的高频交易算法将监测到这次出价,然后买下这只股票并以更高的价格挂牌出售,这种操作被称为"嗅探"(sniffing),很快我们将进一步了解它。

即使在做得最好的时候,试图监管由资本主义驱使、为实现利润最大化的大规模技术系统,所需要面临的任务也十分艰巨。一个典型案例是,美国证券交易委员会(简称SEC)试图通过引入订单处理规则(Order-Handling Rules)使市场变得更加公平,由此创建了一种被称为电子通信网络(Electronic Communication Networks,简称ECNs)的新实体,并施加某些限制,迫使极讯等市场在纳斯达克公开报价。帕特森总结了ECNs的影响:"有了订单处理规则,整个纳斯达克市场转变为开放给计算机交易的电子平台……过去基于电话的人工经销商系

统，很快就变成基于屏幕的电脑操作者赛博朋克网络，他们在岛屿这样的电子池中出生和成长。"(2012,128)

随着计算机化交易时代的到来，速度成为游戏的新规则。股票交易公司愿意支付高额费用，让他们的计算机在主要交易所服务器场内的机架区域得到一个位置（这种做法称为主机托管），因为位置接近可以减少从交易所到交易者的几毫秒信息交换时间，利用时间差内发生的微小价格差异，就可以把时间转变成金钱。目前，一条耗资数 10 亿美元的超高速跨大西洋电缆正在建造中，它连接了美国和英国的高频交易商。电缆能将信息传输速度提高 5 毫秒，每毫秒可以带来大约 10 亿美元的优势（Johnson，et al. 2012，4）。

由于高频交易的出现，所有交易所的股票持有平均时长大幅下降。二战后，人们持有股票的平均时长是 4 年；到了千禧年之际，时长下降到 8 个月；到 2011 年，根据一些估计，持有时长已经缩短到惊人的 22 秒（Patterson，2012，46）。相应地，股票交易中交换的信息量也增长到惊人的数字。据追踪高速交易的 Nanex 公司估计，美国每天在股票、期权、期货和指数上的交易量，会产生大约一万亿字节的数据（Patterson，2012，63）。

随着高速交易的增加，纽约证券交易所和纳斯达克组成的双寡头断裂成一系列私人市场，如极讯和暗池（dark pools），这些交易网站的报价隐藏在公众视线之外。为了应对这种碎片化，SEC 于 2007 年推出一套新法规，名为国家市场系统（National Market System）或 Reg NMS。法规设想将所有电子市场捆绑成一个网络，这样它们便可以作为真正的全国市场运行。Reg NMS 的核心是获得授权，使得任何买卖股票的订单必须经由价格最优的市场。例如，如果在纳斯达克出售的股票价格远远低于纽约证券交易所的挂牌价格，订单将自动发送到纳斯达克。为了促进这一授权，美国建立了名为安全信息处理器（Security Information Processer）或 SIP 馈送（SIP feed）的电子自动收报带。

Reg NMS 带来的后果之一在于，贸易公司必须时刻监控所有交易场所的价格，这实际上迫使他们不得不使用尖端算法。此外，还有意想不到的后果。订单执行的先后顺序根据它们在"队列"中的位置决定，这是一种电子监控系统，根据下单时间分配优先级。但是，帕特森解释道，"一个交易队列中的订单可能会被突然撤回，传送到另一个交易所，或者因为某一订单竞价成功而被踢到队列末尾"（2012,49）。这为玩弄系统提供了一系列新操作。此时，高频交易商已成为交易所的最大客户；到 2009 年，他们大约占所有交易的 75%。此外，纽约证券交易所从非营利组织转变为营利性公司，2005 年 4 月它与私有公司全电子证券交易所（Archipelago）（采用莱文的岛屿模型）合并，几年后又与欧洲联合股票市场泛欧交易所（Euronext）合并。2006 年，纳斯达克从仅提供报价服务的平台，转变为国家持牌交易所。到 2011 年，其收入超过三分之二的部分来自高频交易（Lewis,2014,163）。

成为营利性公司后，交易所需要取悦自己的股东，于是制定了新的订单类型，其规模远远超出旧式的限价订单（订单在规定价格限制内买进或卖出），后者在过去几十年内曾是交易所的主要收入来源。此外，市场竞争变得如此激烈，以至于高频交易者每笔交易收益不断缩水，因此他们更加依赖于"挂单和吃单"（Maker and Taker）费用，这是交易所为了最大化流动性而采取的结构。

为了确保流动性，提供流动性的交易者通常会获得小额返利，而持有流动性的交易者必须支付少量手续费(即"挂单/吃单"政策)。帕特森总结了新型订单类型与返利/手续费结构相结合的影响。新型订单"允许高频交易者发布订单,这些特定价格点的订单隐藏在队列前面,市场运行时将其他交易者挤到队列后方。即使市场上下波动,订单也不会移动……这些订单位于队列前部,隐藏在变化的市场中,于是公司便可以一次又一次地下单,收取[返利或'挂单']费用。其他交易者无法知晓隐藏订单的存在。一次又一次地,他们的订单踩上隐藏交易,这实际上好比一个隐形陷阱,迫使其他公司支付'吃单'费用"(Patterson,2012,50)。

这种情况清楚地表明了一种新型超级资本主义的出现,我称之为吸血资本主义。马克·尼古拉斯(Mark Neocleous)观察到(2003),马克思在《资本论》中以吸血鬼作为隐喻,描绘资本如何吸取工人阶级的血汗;但与之相反,吸血资本主义掠夺榨取其他资本主义事业。这一系列操作说明,股票市场早已偏离它诞生的初衷。萨尔·阿努克(Sal Arnuk)和约瑟夫·萨鲁兹(Joseph Saluzzi)(2012)解释,股票市场的设立,最初是为了让新公司通过首次公开募股(IPOs)吸引资本,从而刺激创新,在市场中创造多样性。它还为普通民众提供了一种处置可支配收入的方式,通过基金、期权和其他投资工具在股票市场投资。高频交易者不参与任何这些有用的服务。他们为自己的存在辩护,声称他们能够为市场提供流动性(Perez,2011,163),正是因为他们如此频繁地交易,买进卖出的差价才会降低,他们认为这对每个人都有好处。但我们将要看到,故事还有另一面。尽管他们的佣金较少,但由于交易过于频繁,这些佣金便像滚雪球一般,从几分钱变成几美金,最终累积到每年数十亿美元——这些金钱最终来自投资者的口袋。高频交易对创新的负面影响，体现在公开交易公司数量令人警觉的不断减少上；1997年，美国有8200家公开上市公司；到2010年，仅剩4000家（Patterson，2012，59）。

然而，高频交易带来最具灾难性的影响是不稳定性。Nanex是一家分析高频交易者使用算法的公司，它检测到一种名为"干扰者（Disruptor）"的算法。"干扰者"能够操纵大量订单席卷市场，实际上干扰了市场本身（Patterson，2012，63）。这些不稳定性在2010年5月6日变得异常明显，短短两分钟内道琼斯指数下跌700点，然后在同样短的时间内迅速回弹。这是如何发生的？市场对希腊和西班牙可能出现的违约行为感到紧张，当已经开始出现下行走势时，位于堪萨斯城的沃德尔和里德金融公司（Waddell&Reed Financial）正在监控一笔大订单，它抛售了7.5万支标准普尔500 E-mini期货合约，价值约40亿美元。他们使用的算法能将交易保持在某种节奏，约为市场总体容量的9%，并且每30秒暂停一次，放出鲨鱼算法寻找"鲸鱼"（大订单），以便进行插队交易。这些卖单被高频基金购买，几毫秒内再次出售给其他高频交易商，有时以略低的价格成交；而其他交易商的算法又会再次出售订单。随着交易量暴增，市场暴跌，沃德尔和里德的交易算法再次增加抛售量，因为9%的限制不断增长，导致反馈回路反应更加剧烈。帕特森写道："14秒内，高频交易商们买进和卖出了高达2.7万个E-mini合约。"（Patterson，2012，264）

随着市场暴跌，其他股票也受到影响。埃森哲（Accenture）是一家全球咨询公司，股价通常为每股50美元，却下跌至荒唐的每股1美分，即所谓"无成交意向报价"（stub quote）——交易公司发布这种股票仅仅是为了履行其市场挂单的义务，但并不期待订单成交。宝洁公司(Procter&Gamble)的股价则从正常的每股 60 美元暴跌至 30 美元左右。但天平另一边的其他一些股票,尤其是苹果,则极限上飙至每股 99999 美元(毫无疑问是另一种无成交意向报价)。随着疯狂的持续,许多高频交易员对市场的巨大波动性感到恐慌,他们担心 SEC 事后取消交易,索性直接拔掉电脑电源。这意味着市场上的买家更少,加速了市场的下滑。直到纽约证券交易所关闭交易 5 秒钟后,反馈回路才被打破,而由于那时许多股票价格低得离谱,算法开始自动买入,几分钟后市场这才恢复正常。但这仍然对一些买家造成了实际伤害。一位投资者在宝洁股价触底前试图抛售,损失了 1.7 万美元,而达拉斯一家对冲基金购买的期权价格从每份合约 90 美分飙升至 30 美元,导致他们损失了数百万美元。

随后,SEC 撤销或"打断"(broke)了闪电崩盘前后价格变动超过 60％的交易。然后,SEC 与商品期货交易委员会(Commodity Futures Trading Commission,简称 CFTC)协调,开始调查闪电崩盘事件,并于 2010 年 9 月发布报告(尽管闪电崩盘从暴跌到恢复仅仅发生在 5 分钟内,他们却花了整整 4 个月才弄清楚发生了什么)。该报告重点关注流动性,结论是沃德尔和里德的卖单是罪魁祸首,他们引发了一系列连锁反应事件,"吸走市场中的流动性,导致价格自由落体"(Buchanan,2011)。马克·布坎南(Mark Buchanan)是一位撰写金融博客的理论物理学家,他参考了 Nanex 创始人兼软件工程师埃里克·斯科特·汉森达(Eric Scott Hunsader)的研究。汉森达跟踪了沃德尔和里德在灾难性当天进行的 6483 次交易;布坎南注意到,"这家公司的执行经纪人全天都在将交易注入市场——这种策略能最大限度地降低大规模销售对价格的影响"(Buchanan,2011,2)。汉森达不认为问题出在公司抛售上，他的分析"表明暴跌是高频交易员造成的。他们通常充当流动性的提供者，随时准备在特定价格水平买进和卖出。但当天的波动促使他们抛售股票以避免损失……正是这种抛售，而不是沃德尔和里德的被动订单，导致了流动性的消失"（Buchanan，2011，2）。

布坎南文章下面的评论发人深省。"游客"称 SEC 报告了一个"童话故事"，"Fritz Juhnke"评论"是时候有人指出'做交易'不等于提供流动性。交易所蒙骗了监管机构，使他们相信支付经纪人进行交易是可以接受的。滑稽的是交易所管这叫'提供流动性'。监管者醒醒吧，他们需要意识到价格下跌引发的抛售只会消除流动性（即夸大价格变动），而不是提供流动性"（Buchanan，2011，3 ）。"SofaCall"评论道："这就是为什么过去 6 年我一直没有进入市场。投资人不可能再确定价值，研究股价关系。你所能做的就是试图抓住潮流——这与赌场赌博没什么不同。唯一的区别是，赌博委员会在确保赌场开诚布公上比SEC 在金融市场做得要好。"（Buchanan，2011，4）"Matthew"将 SEC 的报告称为"金融业公关战略的一个趋势"，他注意到大多数人"无法理解为什么稍微复杂一点的骗局就能欺诈他们"（Buchanan，2011，5）。"H_H_Holmes"简洁地总结了一点共识："这一行业表面上'人'投资'企业'的时代已经过去。一切都是算法，每时每刻。小人物们，见识见识天网①吧。"（Buchanan 2011，4）

Nanex 相当重视闪电崩盘的重要性，它对发生在 2006—2010 年间的小型闪电崩盘进行了研究，但这些小型崩盘很少引人关注，因为它们仅涉及单一股票，而且事发过于迅速，人们来不及察觉就已经结

---

① 译者注：指影片《黑客帝国》中控制人类生活的超级 AI。

束。闪电崩盘的痕迹可能会淹没在不断迭代的日常数据流中；只有更精细的时间度量，比如 Nanex 使用的那种，方才可能发现它们。Nanex 分析发现，在 Reg NMS 尚未施行的 2006 年，总共发生 254 次小型闪电崩盘；而 2007 年，Reg NMS 试行的几个月内总共发生 2576 次。2008 年，Reg NMS 完全生效，这一数字增加到 4065 次。显然，Reg NMS 无意间反而显著提高了闪电崩盘发生的可能性。

迈阿密大学物理学家尼尔·约翰逊（Neil Johnson）与同事一起发表了《超高速机器生态驱动下的金融黑天鹅》（"Financial Black Swans Driven by Ultrafast Machine Ecology"）（Johnson，et al. 2012）一文，其中证实了 Nanex 的研究。他们在摘要中写道："我们为系统范围的突然转变提供经验证据和配套理论，论证已经从混合人机阶段进入全机器的新阶段，其特点为小型黑天鹅事件在超高速时间段内频繁出现。"他们分析了 2006—2011 年间发生的 18530 次黑天鹅事件，通过构建模型表明，随着交易持续时长和策略多样性的减少，黑天鹅事件发生的可能性更大。他们假设由于算法必须在短时间内行动，必然只有少数几个可供选择的策略，而大量算法采取的策略相似，这加剧了反馈回路的产生。文章的最终结论是，黑天鹅事件并非异常现象；它们只是对机器驱动交易动态的真实反映，人类并不在其中参与实际交易。再让我们回顾 SEC 关于 2010 年 5 月 6 日闪电崩盘的报告，我们现在能够意识到，把沃德尔和里德的交易视为罪魁祸首的结论是不正确的。他们也许是导火索（最后一根稻草），但正是系统本身的动态使得崩盘的出现不可避免。

人类—算法互动的复杂生态

在安-克里斯蒂娜·兰格(Ann-Christina Lange)的一项研究中(2015),根据对就职公司与高频交易有关的交易员的67次采访,她生动地描述了人类如何与代替他们工作的算法进行交互。她观察到,"我惊讶地发现[交易员]谈及他们的算法时,不是仅仅将之看作提高市场效率的纯粹理性行动者,而是在市场上运作的互动能动者"。(1)在她的记录中,一位交易员一边手指屏幕,一边说:"我知道这家伙是如何行动的。我向他学习⋯⋯我不知道谁在操作这个算法,但我能认出这个模式。"(1)另一位交易员观察到,"你要读其他算法。它们都基于规则。这样你才能写出一套更普适、更强大的规则来应付其他算法"(5)。作为类比,一个电子游戏玩家能够通过观察游戏的行为,推理出支配呈现屏幕画面算法的规则;通过练习,他能够预测游戏在特定情况下的反应,并相应地改进战术,这种现象被詹姆斯·艾什(James Ash)称为"信封"(envelope):"信封现象产生于用户身体和⋯⋯'界面环境'的关系。"(2016,9)正如尼尔·约翰逊在前文中提到,高频交易算法一贯牺牲输入多样性来提高速度;他们通常只有少数备选策略,因此交易者通过观察就可以"解读"它们。

此外,兰格指出,算法不断与其他算法互动,产生了一种复杂的生态系统,对此兰格认为可以理解为群集行为(swarm behavior)。从人的角度来说,他们的互动类似于宣传(心理战)战争中典型的进攻和反攻行动:佯攻、闪避、误报和伪装。比如,麦肯锡(2011)指出,订单执行算法通常不会同时下很大的订单,而是将订单分成小份然后逐步投入市场，就像沃德尔和里德的算法试图执行一笔大额卖出订单那样。一种算法采用交易量加权平均价格（volume-weighted average price）来实现这种策略，或称 VWAP（veewap），它根据前几天在同等时段交易的股票数量比例分配订单。其他算法则猎捕这些 VWAP"鲸鱼"（大订单），通过"嗅探"检测它们，然后利用已知信息进行插队交易。在一些合法性存疑的操作中，"虚晃"（spoofing）算法下订单引诱其他算法响应，一旦其他算法跟进，它们会立即取消订单，并利用信息获取利润。兰格采访的一位交易员解释说："我们希望尽可能多地获得报价，但也要确保我们不真正执行交易……我们不希望执行这些订单，因为通常来说它们不仅不赚钱，甚至还会给我们带来损失。但它们提供的信息非常重要，我们可以很快了解将要发生什么。而且我们不必等待数据自己的更新，这太慢了。"（Lange，2015）她的另一位对话人总结了这种情况："这就是一场算法之间的大战。你可以按下杀戮开关。把算法送上前线，并且你知道它会在适当的时候撤退，然后让你赚得盆满钵满。"（Lange，2015）

阿努克和萨鲁兹指出，高频交易产生的利润纯粹是投机性的，除了为部署它们的贸易公司赚钱外，对实体经济没有任何贡献。随着高频交易算法执行的交易比率持续增加，结果是市场生态越来越偏向投机，而不是与实体经济协同互动。

不是所有人都同意约翰逊和 Nanex 的说法，认为高频交易让市场变得更加脆弱和不稳定。比如，麦肯锡（2011）主张数据不是非黑即白的，尽管他对金融交易等复杂技术系统逐渐呈现的不稳定性持谨慎态度。至于 Nanex 发现超高速极端事件（Ultrafast Extreme Events，简称 UEEs）并非异常现象但频繁发生，可以用两种方式解读：要么它们无足轻重，因为它们如此微小且消失得如此之快；要么它们就像太空舱中的细小裂缝，预示一场重大灾难的到来。在我看来，麦肯锡的评估过于谨慎；我认为这些小裂缝标志着高频交易算法和人类行动者共同构成的认知系综具有系统性风险，且技术在其中扮演比人类认知重要得多的角色。

不论人们如何看待 UEEs，它们产生的后果无法争辩。上文提到，后果之一是高频交易导致投机活动的大幅增长，数量远超实体经济投资。另一个是有效市场假说的粉碎，即市场上所有参与者同时拥有基本相同的信息，其必然结果是价格随时反映世界的真实状况。在高频交易中，算法的设计目的恰恰在于破坏市场信息的平等享用，它们从竞争对手那里攫取信息，同时隐藏自己的行动，从而制造信息不平等。

第三个影响，也许也是最重要的影响，是交易发生的时间体制（temporal regime）的完全转变，以及随之而来的"军备速度竞赛"，这势必会倾向于越来越快的算法、越来越快的连接电缆和越来越快的交换基础设施。麦肯锡（2011）写道，伦敦证券交易所的"绿松石（Turquoise）"交易平台，现在可以在 129 微秒（略高于十分之一毫秒）内执行交易。从当年人头耸动、大汗淋漓、推搡吵闹的宏观物理世界转变成为屏幕和算法的金融世界，无尽地搜寻微小扰动和算法互动，为了从衍生品和高频交易中赚钱。安迪·克拉克（Andy Clark，1989，62）在讨论意识如何在进化过程中产生时，将其称为认知军备竞赛中的武器（61）。高频交易同样可以被视为一种进化环境，其中的速度而非意识成为非意识认知军备竞赛中的武器——这种武器威胁沿自动化轨道一路前进，它的时间体制隔绝了意识的直接介入。这样一来，任何讨论都必须处理整体认知系综的认知动态。

系统再造：投资者交易所（IEX）和批量拍卖

在《闪电男孩：华尔街起义》（*Flash Boys：A Wall Street Revolt*，2014）一书中，迈克尔·刘易斯（Michael Lewis）记录了布莱德·胜山（Brad Katsuyama）的经历。胜山起初是加拿大皇家银行（RBC）资本市场的交易员。刘易斯记录，胜山出价时（例如购买一只股票）总有一种神秘的感觉，因为他发现最后的成交价总是和之前看到的不一样。事后想来，我们可以推测出究竟发生了什么；算法检测到他的出价，然后极短时间内将价格抬高一点。于是为了弄清真相，胜山踏上追寻之旅，他询问了整个行业的同事，试图了解算法是如何被构建的，以及它们都做了些什么。刘易斯在书中写道，没有一个交易员能给出答案；故事到这里听起来并不真实，因为更有可能的情况是，至少有少部分人知道算法的真相，只不过他们不愿透露。无论如何，当胜山最终发现真相时，他强烈感到这完全偏离了股票市场应当服务的合法目的［如前所见，阿努克和萨鲁兹（2012）也得出同样的结论，刘易斯在书中引用过他们关于高频交易操作的争论］。与行业内随波逐流的其他人不同，胜山开始试图寻找纠正这种情况的办法。

他决定向问题的根源发起进攻：造成认知军备竞赛的系统动态。有关市场运作方式的陈旧观念正在迅速过时，包括有效市场假说和监管干预。刘易斯分析 2010 年 5 月闪电崩盘报告时引用了胜山的回应：让他吃惊的是它"陈腐的时间感"。胜山总结道："一旦你对速度有所感知……你便意识到这样的解释……就是不对。"（Lewis，2014，81）

胜山意识到高频交易已经有效操纵了市场，这样一来它们不再是公正的中间方,于是他和他的同事决定建立一个新交易所,名叫投资者交易所(Investors Exchange,简称 IEX),旨在恢复股票和衍生品交易的合法目的。重点不是加快交易,而是减慢速度,这样无论算法的速度有多快,每个人的出价都会同时到达。除了这个宏大设想,胜山和他的同事还投入大量时间预测系统可能如何被钻空子,尽量提高它抵抗掠夺性策略的能力。

作为一家交易所,IEX 争取信誉和官方认证的斗争之路漫长而又艰辛。在刘易斯的记录中,即使在 IEX 发挥作用的时候——这本身就是一个小小的奇迹——投资者要求代理人经由这一交易所执行交易,但一些代理人仍然故意回避这些指令,将订单发送到其他交易所。几经周折,IEX 终于成为官方交易所,而不仅仅只是一个交易网站。

与此同时,IEX 在官网上强调他们交易的*伦理准则*。"IEX 致力于实现体系化市场公平,我们通过简化的市场结构设计和尖端技术提供更均衡的市场。"网站的一段简短视频开篇发问:"股票市场的目的是什么?"然后开始介绍高频交易算法和掠夺性交易。影片结束,IEX 的原则与《1934 年证券交易法》达成一致:"坚持公正和公平的交易原则","消除对公平和公开市场的阻碍","保护投资者和公共利益",并"促进投资者订单直接接触的机会"。这一提议值得严肃地关注,因为它不仅表明资本主义体系内可以实现伦理责任,而且大型投资者,比如掌管退休养老金的机构,*更偏好公平公正的交易*,而不用担心掠夺性算法横行霸道。原因很简单,高频交易创造的利益最终来自纳税人口袋里的血汗钱。

布迪什(Budish)、克莱姆顿(Cramton)和什姆(Shim)撰写的一篇关于频繁批量拍卖(batch auction)的文章提出了另一种不同的解决方案(2015)。他们记录速度竞赛的一部分成本,包括 Spread Networks 在纽约和芝加哥之间铺设电缆花费的 3 亿美元,这条电缆将通信时间缩短了 3 毫秒。他们还考查了高频交易员关于高频交易增加流动性的主张,以"狙击"(sniping)成本作为反驳。所谓"狙击",就是滞后于市场数据的"龟速"出价,在出价公司还未及时撤回订单时被高频交易员中途拦截。这些成本被计入买卖价差,结果增加了所有人的交易成本。此外,在当前的连续限价订单簿(continuous limit order book,简称 CLOB)交易系统中,交易可在全天执行,那么由于订单按序执行,出价被拦截的可能性很高。当只有一家公司试图撤回"龟速"出价时,许多高频交易商均试图从中获利,最后可能其中一家交易商在该公司执行订单前成功插队。

几位作者还指出 CLOB 的一些其他问题。他们调查了两家通常情况下互相追踪的证券,即 SPDR 标普 500 交易所交易基金(SPY)和标普 500 E-mini 期货合约(ES)。因为二者都基于标准普尔指数,人们可能会认为它们相关性高,步调一致。如果以一天、一小时,甚至一分钟为时间刻度,这的确是数据呈现的样子。然而,当时间度量缩小到250 毫秒,两家证券的走势便呈现出巨大差距,相关性几乎完全被打破。"这种相关性的打破,反之带来明显的机械套利机会,"他们写道,"谁最快谁便可以进场。"(2015,2)此外,打破相关性不会导致市场效率提高,而只会加剧军备竞赛,让盈利的窗口急剧下降,"从 2005 年中位数的 97 毫秒,到 2012 中位数的 7 毫秒"(2015,2)。军备竞赛攫取的金额数量庞大。作者估计,仅对证券每年的成本就高达 7500 万美元。尽管他们拒绝猜测一切交易证券的成本,只表示"总量巨大",但明眼人都能看出成本可能高达数十亿,甚至数万亿美元——这些金额对于实体经济没有任何贡献,只会使得热衷于军备竞赛的高频交易公司越来越富裕。

按照布迪什等人的初始模型假设,所有交易者都能同时获取相同的价格信息。当他们调整模型,大量投资军备竞赛的公司获得越来越快速的算法,考虑到它们与不这样做的公司之间的差距,最后形成的是一种典型的囚徒困境。"如果所有公司集体承诺放弃速度竞赛,那么大家都会获得收益,但是否投资取决于每家公司内部的利益考量。"(2015,5)

作者提出,这一系列问题的解决方法,是放弃将时间视为连续统一体的 CLOB,转向分段执行的批量拍卖系统,比如每十分之一秒(100毫秒)执行一次。在批量拍卖中,所有在执行时间点输入的出价相互竞争,实际上把竞争对象从时间转移到价格。此外,在较长时间度量下,证券之间缺乏相关性的情况会减轻,再次将竞争从时间转移到价格。由于算法演算时间延长,所以没必要为了追求速度而设计简单的算法,如此一来便可促进开发交易策略更多样的"智慧"算法,从而提升算法生态的深度和策略多样性,增加强健性,降低脆弱性。最后,基于价格的竞争将使市场高效运转,而非更多投入军备竞赛带来各种交易成本(包括"狙击"行动)、为了快速连接建造昂贵的基础设施和开发高速算法投入的资源。

这两种不同的解决方案——IEX 的交易减速和批量拍卖的概念——具备一个共同点,那就是相信答案隐藏在系统(再)构造而非监管过程中。他们假定利润动机保持不变,但通过改变实现获利的方式,他们将整个系统推向资本的高效、公平和生产性应用,尽最大可能服务于更广大的社会目标,而不是仅仅让投资于军备竞赛的个体交易公司从中谋取私利。然而,我们必须注意,这一过程中关于世界如何被构造的基本观点发生了转变:在批量拍卖提案中,时间从连续统一变成一系列分离的间隔;而对于 IEX 来说,时间被放慢,以便交易的发生更接近人类感知范围,远离计算速度。这绝非无关紧要的区别。尽管转变发生在金融资本领域,它们也有可能从金融交易传播到其他社会和文化生活领域。它们表明,复杂人类系统与认知技术系统的相互渗透,将如何形成更大的技术—认识论—本体论结构,从而决定我们认识世界运行的方式。它们还说明,如果有效贯彻强烈的伦理价值感,比如公平和社会利益,人类能动性便能创造出全新的系统结构,更有助于促进全人类繁荣,而不是放任逐利冲动脱缰失控。

金融资本和人文学科

无论好坏,金融资本已经与超高速机器算法的自我组织生态深度交融,以至于脱离它们便无法想象我们的全球经济。如我们所见,机器生态对其环境(也就是它运作其中的监管框架)中的微小变化极度敏感。每一项新法规都能催生新的钻空子方式,这一事实已被历史研究证实(Lewis,2014,101)。因此,胜山和他的合作者们得出结论,"金融监管绝对不可能解决问题"(Lewis,2014,101)。他们攻击问题的解决方式是系统动态和设计,这也是批量拍卖提案的核心策略,二者为人文学科所扮演的角色提供了重要线索,使之能够更总体性地介入高频交易和金融资本世界。

胜山和他的同事们受到理想主义愿望的激励,为了实现更公平的市场这一愿景,他们赌上了一切。他们的承诺表明,在很大程度上我们所面临的状况并非纯粹的技术问题,而是价值和意义的问题(回想海德格尔的著名观点,技术的本质并非技术性的)。少数试图解决这一问题的人文学者是伯纳德·斯蒂格勒(Bernard Stiegler)。通过一系列重要文本——《技术与时间1》(*Technics and Time,1*,1998)、《技术与时间2》(*Technics and Time,2*,2008)、《照顾青年和后代》(*Taking Care of Youth and the Generations*,2010),尤其是《新政治经济学批判》(*For a New Critique of Political Economy*,2010)——他选择了一个充满野心的议题,提出理解人类和技术共同演化的宏观框架。由于其讨论范围,他的课题既存在令人印象深刻的优点,也存在可能无法即刻明确显示的局限性。在此提出的高频交易算法一例,可以帮助完善斯蒂格勒的框架,也为当下人类与技术走向共同演化提供新见解,尤其关于认知系综的演化过程,它们例示的复杂时间性,以及相应带来的人类与技术认知之间不可通约的时间线。

在两部《技术与时间》中,斯蒂格勒发展出第三持存(tertiary retention)的概念——存储在人造物中的记忆,能够使人访问他们从未亲身体验过的事件。此外,他认为第三持存先于个体认知存在。在《照顾青年和后代》中,这一构想与准许跨个体化(transindividuation)的"长回路"发展相联系,结果是个体在智力上变得成熟,并学会承担责任。颠覆"长回路"发展的,是斯蒂格勒所说的程序工业,比如电视、电子游戏和网络,它们试图吸引年轻人的注意力,并将我称之为深度注意力(deep attention)的传统转变为过度注意力(hyper attention)(Hayles,2012)。

高频交易程序的案例,让我们察觉到斯蒂格勒第三持存概念中被忽略的印刷中心偏见。尽管第三持存能够很好地解释作为外部存储设备的书籍,但当技术不再只意味着存储,而是涉及机器能动性和系统机器生态时,这一概念便不再适用。当人类阅读一本书的时候,我们可以说这本书具有能动性,阅读行为使得人类认知系统以另一种方式工作——这是位于人文领域核心的动态,他们对待概念的深度传统通过写作或斯蒂格勒所说的"文字学"(grammatological)过程传递出去。不过值得注意的是,这种能动性原先是被动的可能性,只有当人类开始阅读和书写,它的能动性才真正转化为现实。相反,高频交易程序的特点恰恰在于,一旦被创造和启动,它们的行动不需要任何人类能动性的参与。实际上,人类故意被隔离在回路之外,以便机器进入对高频交易至关重要的微观时间。斯蒂格勒正确地指出,"文字学"过程的发明,比如按字母顺序排序,打破了连续的单词流,而形成分离的单位,如字母、音素等。但是,如果用同样的术语解释数字化概念,则会掩盖字母顺序排序和可执行程序代码之间的区别:字母是被动的,而机器执行的代码却能脱离人类干预自动运行。

"长回路",斯蒂格勒将这个概念运用于人类认知。但是机器也有"长回路",且它们产生的效果和斯蒂格勒归于人的"长回路"有很大差异。当自动交易程序执行交易时,它们通常在迂回路径中操作,以最优化某些参数,比如将代理人支付的费用控制在最低水平。换句话说,它们最终保护和推动了吸血资本主义,这一点由阿努克和萨鲁兹在图解复杂的"订单指令生成到执行的曲折路径"时指出(2012,146)。

智能机器中的"长回路"也与预测有关。预测也已经成为一种机器功能,因为算法对模式的搜寻将使它们能够预测下一次股票价格的微波动,以及竞争算法可能会执行的订单。从某种意义上说,这些算法既拥有强大的记忆——超常记忆(hypermnesia)——因为它们在实时数据流中竞争,分析所有其他算法正在做什么;它们又无比健忘——遗忘症(hypomnesia)——丢弃昨天的信息(更别提几年或几个世纪以前的信息),为了应对今天流入其处理单元的大量信息。人类必须通过睡觉来处理记忆,而这些机器却不同,它们没有闲置的计算周期。即使在闭市的时候,它们仍在收集数据、分析和下单,从而影响开盘价格。

显然,仅仅关注记忆功能,远远不够帮助我们理解自动交易机器生态的复杂动态。至关重要的另一点在于,机器拥有能动性,闪电速度的分析和预测能力,以及在与其他算法竞争时不断进化和学习的能力。自动交易系统呈现的进化趋势,可能导致不可预测的后果和涌生行为。人类可以建立这些系统,但又无法完全控制它们的运行、演化和异变。这里的问题不仅仅是存储记忆,而是全球经济体系的转变正愈发驱使我们抛弃社会责任,走向吸血资本主义。

人文学者关注高频交易的另一方面,是时间制度向人类无法触及的微时间转变。对该问题最先锋的讨论出现为马克·B·N·汉森的《前馈:二十一世纪媒介的未来》。汉森以怀特海的过程哲学为起点,着重关注他所谓的"大气媒介"(atmospheric media)。根据设计,大气媒介潜行在意识的雷达下,在意识有机会评估媒介输入之前,便能影响人的动作、行为、情动和态度,因为意识的接受较为缓慢,信息处理能力也有限。我不确定高频交易算法是否符合汉森意义上的"大气媒介",因为它们不针对情动状态,只针对机—机生态中的交易执行。尽管如此,高频交易显然使用了类似的微时间策略;它们的存在也说明,汉森采取的分析可能超越他所感兴趣的情动领域。

通过将汉森的方法与露西安娜·帕瑞希和史蒂夫·古德曼(Steve

Goodman)(2011)关于助忆控制(mnemonic control)的合著论文相比较,我们可以深入发展这一点。帕瑞希和古德曼同样从怀特海出发,尽管给出了不同的阐释。二人阐述了数字媒介通过怀特海所谓的"摄入"来处理情动身体的潜力;他们的论文重点关注品牌创建。当一个摄入现象经过多重神经元处理,最终抵达意识时,即使人们之前没有有意识地经历过,但它依旧看起来十分熟悉,这引向他们所说的"尚未体验的过去,无法感知的未来"(2011,164),使得人们易受品牌营销的影响。我们可以看到,他们助忆控制概念运作的时间线位于斯蒂格勒的第一持存(意识经验)之前,并且更早于第二和第三持存。它不依赖铭刻,不需要之后通过"文字学"解码来复原;相反,控制以知觉形式发生,直接处理身体的情动反应,带来现在被称为情动资本主义(affective capitalism)的文化和媒介现象。因此,助忆控制利用意识上线前的半秒钟神经处理时间,创造出有利于销售的易感性和脆弱性。

相比之下,汉森在怀特海之后,想要定位 21 世纪媒介对他所谓"振动连续体"(vibratory continuum)或"世界敏感性"(worldly sensibility)的介入;重要的是,这些影响发生在知觉和感觉之前。用汉森的话说,21 世纪媒介不仅仅意味着在 21 世纪运转的媒介,它本身是一种分析框架,表示一类特定的媒介,类似于"大气"或环境的效应。这些媒介的运作迅速而普遍,在它们介入的层面产生了摄入。因此,它们不但先于认知的时间线存在,而且决定性地影响了特定环境中可能的、相关的知觉和感觉类型。

就这一课题而言,汉森的研究十分关键,原因至少有三。首先,它突出了技术和人类认知的时间性问题,指出它们在认知时间线上的不可通约性。其次,它提出有效干预点必须发生在适合技术认知的时间线上，将其定位在人类感觉和知觉运作前的 100 毫秒范围内。第三，它意识到只有系统性的干预才会生效，对此汉森援引并调整了怀特海关于现实激进的过程观。

从这一角度而言，汉森分析的局限性在于他几乎没有举例这样运作的媒介。他提到的媒介——社会计量器，声音艺术，等等——通过知觉和感觉运作，而不是先于它们。为了解释先于感觉的介入，我们可以回顾第五章中讨论过的与城市基础设施有关的内容，包括奈杰尔·思瑞夫特的"技术无意识"（Thrift，2004，2007，91）。之前提过，思瑞夫特认为技术基础设施生成一系列关于世界存在方式和运作方式的预设，比如混凝土、沥青和钢材的承重能力和动觉特性之于泥土、草地和沼泽。"所有人类活动，"思瑞夫特写道，"取决于一种归因环境，其内容很少受到质疑：它在故它在。它是生命漂浮的表面。"（2007，91）例如，在城市长大的人会有一套预设，而在非洲部落地区长大的人会有另一套预设。将在生活方方面面运作的成千上万预设叠加起来，你便会得到一种类似技术无意识的东西。它的内容"是将身体-环境共同体调整到特定的一系列位置，不需要得益于认知输入"（Thrift 2004，177）。技术无意识是一种"前人格底物，具有保证的相关性，确保的遭遇，和因此未被考虑的期待"（177）。如此一来，这些预设形成了一种高维度界面，介于世界与身体、技术环境与试图控制和操纵它的人类之间。

虽然汉森的分析有力地捕捉了时间性进入这一图景的必要方式，但他在分析中并没有清晰指出为什么相比于摩天大楼、轻轨交通和许多其他技术基础设施，媒介在技术无意识中具有特殊的位置。但是，如果我们留意，几乎所有这些基础设施架构都具有计算组件（如第一章和

第五章所述），那么重点不会落在一般意义上的媒介，而要具体到计算媒介。正如大卫·贝瑞（David Berry）所说，"计算本体论在形成我们理解世界的背景预设中越来越占据霸权位置"（Kindle 位置 2531-32）。

如我们所见，使计算媒介独树一帜的特质，在于*它们的认知能力*，*以及它们作为认知系综中的行动者与人类互动的能力*。因此，它们覆盖了人类前认知到认知时间线全部范围的认知能力：作为先于知觉的预设，作为生成感知的刺激源，作为通过躯体标记进入认知非意识的输入，以及作为知觉模式、意识和无意识中的经验。

现在再次回到高频交易算法，我们能够看到这些观点为我们更充分掌握自动化交易中机—机生态学转变的意义提供了资源。虽然人类意图和能动性被排除在高频交易之外的说法并不完全准确，但很显然现在高频交易算法的操作比以往任何例子都更明显地借助精密的技术中介。当技术系统展示出能动力量时，对它们的拟人化几乎总是不可避免的，如上文引述的交易者为他们设计和观察的算法起人称代词，决定它们的性别。从技术无意识的角度而言，也许从这些复杂人类—非人类技术系统中产生的主要倾向，是意识到系统中发生认知的方式使二者纠缠在一起。现在，人类复杂系统和认知技术系统在认知系综中相互渗透，带来我们仍在努力掌握和理解的一系列含义和后果。然而，IEX 和批量拍卖的例子表明，人类干预完全可以作用于系统动态，这种干预能够，也将会改变认知生态，使它们更具可持续性，更能促进人类繁荣，让它们的运作更公正。

意义、阐释和价值观

现在让我们回到一个紧迫的问题，即人文学科应当如何介入高频交易算法带领我们进入的日益不稳定的现状。斯蒂格勒在这里做出了重要贡献，因为他坚持认为技术的基本问题一定与意义、阐释和价值观有关。汉森的介入也是另一重要贡献，他在《前馈》和大部分研究中提供了能够带来和催化建设性政治行动的理论框架。如我们所见，人文学者不太可能为股票市场监管改革的辩论做出贡献，这项任务需要对系统性动态有深入的了解，以确保不会产生有害的意外后果，尽管这在任何事件中可能都无法避免。然而人文学者可以做出的贡献，关乎金融资本应当服务的更广大的社会目的。最近发生的事件已经生动地告诉我们，不顾一切其他考量的逐利动机，将导致系统性风险飙升，以及相应带来的全球经济不稳定。人文学者可以帮助以历史视角看待金融资本，将其与社会责任、公平和经济公正等价值观联系起来。

如此一来，随着认知非意识的兴起和认知系综在金融资本中日益增长的重要性，占据人文科学的意义问题变得越来越重要。因为这一框架扩大了意义和阐释可能运作的领域（详见第一章），它在暗中架起桥梁，连接传统人文学科与高频交易算法中运行的非意识认知，也连接起算法的技术认知和人类设计者、实践者的认知。

还有哪些其他类型的研究推进了这一目标呢？已经有越来越多的研究赶来承担这项任务，包括对金融资本的史学研究（Poovey，2008；Baucom，2005；Lynch，1998）、华尔街民族志研究（Ho，2009；MacKenzie，2008；Lange，2015）、科技研究视角下的金融研究（Callon，1998；MacKenzie，2008），以及关于自动化认知的分析（Parisi & Goodman，2011；Thrift，2007）。这个新兴领域尚且缺乏公认名称，也许可以称作"批判性金融资本研究"（Critical Studies in Finance

Capital),这一术语将经济实践和世界与之利害攸关的认识相联系,因而这种利害关系不能仅仅以利润多寡作为考量。

为了在这种尝试中被严肃对待,人文学者需要学习金融资本的词汇、机制和历史。虽然这方面斯蒂格勒的研究有很多值得借鉴的内容,但他使用的术语经济学家可能完全无法理解;汉森的研究虽然更加简明,但也充满金融界难以加入商讨的论证和引注。想要在金融资本与人文学科丰富的批判和哲学传统之间搭建桥梁,人文学者需要学会用金融界能够理解的方式书写和言说,因为只有这样才能成功地让思想跨领域传播。人文学者想要参与经济学家、商学院教授、交易者、政治家和其他有影响力行动者的讨论,需要付出相当的代价,但人文学者可能带来的潜在贡献远远超过期间的投入。如果没办法摆脱当下的全球金融体系,那么前进的方向也许要求我们更深入地探索它。"批判性金融资本研究"应当成为一种课题,使得人文学者能够申明其中的利害关系,提出他们的观点,转变它的同时,也在自我转变。

第七章 直觉、认知系综与政治历史影响：
科尔森·怀特海德的《直觉者》

　　如前几章所述，认知系综本质上是政治性的。它们由人类—技术接口、相关选择的多层级阐释和不同种类的信息流组成，已经融入了社会—技术—文化—经济实践，在其中例示和协商不同类型的权力、利益相关者和认知模式。第五章和第六章分别探讨这种协商如何发生在城市基础设施和金融资本中。第六章的重点是算法的技术认知，以及通过改变涉及的时间性进行系统性转化的可能性。相比之下，本章关注系综中的情动力量，我们将看到它如何超越人类反应，拓展到技术人造物的假定反应。本章以非裔美国作家科尔森·怀特海德的小说《直觉者》(1999)为导入文本，探讨小说如何创造情动、具身和阐释的语境。通过这些语境，小说展示了组成认知系综的系统如何形成连接，如何在不同现象之间创造联系，如何促进或阻碍不同位置的信息流动，如何在人类和技术认知多个层级做出选择，以及如何随着动态过程中系综部位增减和系统性转变而变化形态。

《直觉者》名义上以电动机械电梯为焦点，但很快就引出一个更为庞大的认知系综，不断扩展其范围，其中包括第一位"有色"女性电梯检查员莱拉·梅·沃森、城市政客、电梯检查员部门和相关公会、互为竞争对手的两家电梯公司"联合"和"阿尔波"、黑手党、舞厅里的两个保镖，以及最后也是最重要的——"世界上最著名的城市"（33），这座城市因其垂直高度而臭名远扬，因此基础设施完全依赖电梯。

故事发生在一个美国北方城市种族融合后的一段时期，尽管城市就业上勉强稳固，但明目张胆的种族主义仍然无处不在，从住房模式和酒吧对话，到涂黑脸的吟游表演这样种族歧视性的娱乐方式。《直觉者》将这些不同的线索编织在一起，突出了两种截然不同的认知模式，分别为公会中争夺权力的两股势力代表：经验主义和直觉主义。经验主义者通过可测量的变量来调查电梯安全性，然后得出可以通过实证验证的结果；直觉主义者则依赖直觉、内部可视化和感觉，不依靠测量而是感觉来作出判断。直觉主义检查员被批评者称为"印度教圣人、巫毒分子、巫术脑袋、巫医、哈利·胡迪尼"，作者评价这些称谓都"属于一套带有黑暗异国情调和邪恶异质的命名系统"（57-58）。相比之下，经验主义被反对者讥笑为"相信地球是平的，老细节强迫症，焦虑怪人"（58），这些说法与充满白人价值观、实践和历史的合理性相一致。这个问题在字面意义上是政治性的，因为工会主席选举即将举行，直觉主义的捍卫者奥维尔·利弗对阵经验主义者的现任主席山科；根据传统，获胜者将成为电梯检查部门的领导。

当然，历史上詹姆斯·克拉克·麦克斯韦（James Clerk Maxwell，1871）和开尔文爵士威廉·汤姆森（William Thompson）等英国科学家，凭借经验主义在大英帝国的扩张中发挥了核心作用，他们发明了更高效的蒸汽机，使得大英帝国获得优越的海军力量，征服印度、太平洋群岛和其他地方的土著民族。伴随着部落民族与西方技术发生接触，这个悲剧故事在全球范围内不断轮回发生。山科宣称："既然经验主义一直是理性之光，为何动不动就自视甚高，寻求新奇体验？就像我们父辈和祖辈的时代一样。"(27)经验主义统治着时代——除了在怀特海德的小说中，"没有人能够解释为什么直觉主义者的准确率比经验主义者高出 10％"(58)。

莱拉·梅·沃森是电梯检查员部门雇佣的第一位女性和第二位非裔美国人，她在垂直运输研究所学习期间皈依直觉主义，当时她阅读了詹姆斯·富尔顿的《理论电梯 1》和《理论电梯 2》，这两本书为她打开了直觉主义的大门。通过描绘莱拉·梅检查 125 号沃克电梯的场景，怀特海德向我们展示了直觉主义的方法论：

> 她正试图全神贯注于她背部摩擦的振动。现在她几乎可以看见它们。这台电梯的振动在她的脑海中化为一个水蓝色的锥体……上升是红色尖刺环绕在蓝色椎体旁，随着电梯攀升，它翻了一倍大小，颤颤巍巍。你无法选择形状和它们的行为。每个人都有属于自己的电梯精灵。取决于你的大脑如何运作。莱拉·梅总是偏爱几何形状。当电梯抵达五楼平台时，一个橙色八角形侧翻入她的思维框架。它上下跳动，与红色尖刺的环形轨迹很不协调……八角形弹入前景，试图引起注意。她知道它是什么(6)。

由此，她诊断出电梯中一个故障的超速调节器，即与橙色八角形相关的技术部件。在自由间接引语中，作者反复写道，只要是关于电梯的问题，"她永远不会出错"，并在这段文本的最后段落中补充，"这是她的直觉"(253)。

无法想象比这里更直接的非意识认知主张,以及它对知觉模式的重要性。莱拉·梅的意识思维并不能控制她在检查时看到的几何形状:"你无法选择形状和它们的行为。""取决于你的大脑如何运作",这一叙述实事求是地相信那些形状代表接收信息的意义阐释。通过追踪检查过程,我们注意到电梯的表现经由接收到的躯体数据(她背部的振动),得出非意识感知和分析,然后传送到核心意识,将数据以视觉形式呈现[非常类似于巴萨罗讨论过的模态模拟(2008)],再由高阶意识将形状与技术知识联系起来,最终形成语言规范表达(故障的超速调节器)。这样,莱拉·梅的电梯检查以认知系综形式运作,其中认知功能分布于报告自身状态的电梯这一技术对象、阐释信息输入的莱拉·梅的非意识认知,以及她作出技术诊断的意识思维。

电梯是一种缺少电子器件和复杂计算能力的电动机械机器,倘若其作为认知能动者发挥功能,则必须要求激进的观点转向,因而利弗竞选的智囊、皈依直觉主义的里德先生,在与莱拉·梅讨论富尔顿的两卷电梯理论时这样解释。"[富尔顿的]日记表明[当他去世时]他正在电梯上工作,那时他正按照直觉主义的原则建造它,"他告诉她。莱拉答道:"从核心上来说,直觉主义是在非物质的基础上与电梯交流。'要将电梯与电梯性分开(separate the elevator from elevatorness),'对吗?用钢铁凭空建造什么似乎很难吧。"里德反驳:"它们并不像你想象的那样水火不容。""这正是第一卷所暗示的,也是第二卷省略部分所试图表达的——重新审视我们和物之间的关系。"他澄清道:"如果我们已经决定电梯学研究——细节强迫症经验主义——从人类的视角想象电梯,即一种本质上异样的视角,那么在采纳直觉主义观点之

后，下一步是不是用正确的方式建造……"理解里德的观点之后，莱拉·梅补完了他的话："从电梯的角度建造电梯。"(62)

为何非意识认知尚且不够

尽管新唯物主义者倡导的概念突破看起来十分诱人，但我们很快发现，里德先生的控制欲不亚于山科的帮派，他和直觉主义院内的同伙们试图利用莱拉·梅完成他们自己的计划，包括密谋招募一位非裔美国人的商业特工/间谍。这位特工向莱拉·梅自称"纳切兹（Natchez）"，①利用她的种族团结感，引诱她帮助寻找富尔顿最富有创见的设计——"黑匣子"(61)。他动用浪漫手段吸引她，成功地让她放下防备，成为他的盟友。这一情节表明，将人类与技术认知重新结合，还不够深入而足以催化认知系综的重新配置，从而消除根深蒂固的种族主义，让城市迈向全新的发展轨道。

整篇文本中，电梯技术被赋予"种族上升（racial uplift）"的隐喻，这种上升推动城市走向垂直化发展，同时揭开了种族融合首次暂时性尝试的序幕。然而，暴力仍然在暗处酝酿；小说暗示了最近发生的骚乱，而其他史实表明它设定于 1964 年哈莱姆骚乱后的一段时期。② 莱拉·梅离开位于南方的家之前，她的父亲对她说："他们随时可能变得

---

① 原美国西南地区印第安部落名，在白人领土扩张的过程中消失。

② 劳伦·勃兰特（2008）赞同这个时间设定，但拉蒙·索尔迪瓦尔（Ramón Saldívar）（2013）认为文本发生时代"远在 20 世纪 60 年代民权运动的全盛期之前，甚至可能远在 20 世纪 40—50 年代的英雄主义挣扎之前"(9)。和索尔迪瓦尔的结论相反的证据包括：市长对非裔美国人口的敏感性，电梯检查部门雇佣的黑人检察员，以及范妮·布里格斯纪念大楼的命名，因为"市长非常精明，他明白这座城市并不是一座南方城市"(12)。

丧心病狂;这是融合带来的真正结果;只不过转移延迟了确定要到来的暴力。"(23)每天早上离开小公寓之前,莱拉·梅都用检查员制服、徽章和充满防备的表情把自己全副武装。"她需要穿上剪裁好的制服才肯正视自己",叙述者说。"那大胆的棱角,锐利的翻领——纽扣仿佛螺丝,拧紧她的双唇,不发一语"(56)。她幸存下来,她适应了留给她的边缘空间,就像她在研究所时居住的皈依后的清洁工的储藏间。毕业后莱拉参加了工作,但她的权限有限,越是远离城市为黑人设定的"基准点"(4),反对力量就越发顽固,人们也越是疑心重重,满脸戒备。

　　两起相关事件迫使莱拉·梅走出生存模式,在这种模式下她习惯性地进入防备姿态,只对事件作出反应,而不会主动行事。范妮·布里格斯纪念大楼的 11 号电梯发生坠毁;它不仅只是发生故障,而且带来了灾难性的后果,它在高空中自由落体,违抗了本应阻止这场灾难的安全防护措施。由于事故发生前一天莱拉·梅检查过那台电梯,还提交了无故障报告,人们立刻怀疑到她头上。于是她决定为自己正名,同时摆脱逼仄的生存空间。她首先来到直觉主义院,接着像侦探一样四处寻找电梯遭到蓄意破坏的证据。就在此时,第二个事件紧接着发生。"纳切兹"告诉莱拉·梅,她的偶像、直觉主义的奠基人詹姆斯·富尔顿其实是非裔美国人,但逐渐同化为白人(passing)。尽管"纳切兹"谎称自己是富尔顿的侄子,他寻找富尔顿的"黑匣子"计划是为了帮助黑人收回白人从他们身上偷走的东西,但莱拉·梅用她的直觉断定,有关富尔顿种族传说的那一部分是真实可信的。

　　得到这一线索后,她开始重读富尔顿的两卷著作。莱拉·梅就像自学阅读的叛逃奴隶范妮·布里格斯一样,当初也自己摸索着学习如何阅读。她注意到第二卷中的一段话:"这个种族在忙乱无序的世纪中沉睡。晦暗的眼睑无法睁开。焦虑的视网膜在下方频繁移动。它们被梦境搅动。在这上升的梦境中,他们意识到神圣的垂直合约只是梦,希望梦醒之后仍然记得上面的条约。但这个种族永远不会醒来,这就是我们的诅咒。""人类种族,莱拉此前这样以为……但现在——谁才是'我们'?"(186)

她从被动反应到主动行动的转变,可以追溯到拜访玛丽·克莱尔·罗杰斯,她是富尔顿坚持雇佣的黑人管家(也许是他的情人),他将自己的论文交给研究所,作为交换,在他过世后罗杰斯仍能继续居住在教工住宅。第一次拜访她时,莱拉·梅遵循直觉主义派的要求,他们希望她说服罗杰斯夫人交出丢失的手稿,或许甚至拿到能够彻底改变垂直运输技术的"黑匣子"计划。她没有成功,尽管罗杰斯夫人告诉她的信息比其他任何人都多,但还是未能得到论文。然而,她的第二次拜访完全以个人名义,凭借解读富尔顿文本的新能力,她注意到富尔顿在字里行间的暗示。他在第一卷提出的先验主张,其实是针对电梯工业意味深长的取笑,讽刺地回应他们坚持不断复制平庸的现实。"好吧,看看你,"罗杰斯夫人回答。"和上周那个敲开我家门的女孩判若两人,不是吗?……这段时间里你发现了一些东西,嗯?"(236)

罗杰斯太太说,富尔顿肤色较深的姐姐来探望他时,她便知道了他的秘密。不久之后,他开始写作第二卷,成为乌托邦愿景(直觉主义)的信徒,这一观点渐渐为人们取笑。后来,罗杰斯太太的房子被人摧毁,破坏者可能是跟踪莱拉·梅而来的同一伙人,她发现"纳切兹"的真实身份是雷蒙德·库姆斯,阿尔波公司雇佣的执行者。出乎意料的是,罗杰斯太太将剩下的手稿交给了她,它们被藏在厨房的升降梯上,那也是个垂直运输工具。

莱拉·梅察觉到富尔顿的日常焦虑与11号电梯事故之间的联系。"同化为白人所不能解释的是:那个知道你的秘密肤色的人,那个与你在寻常街道上不期而遇的人。直觉主义所不能解释的是:在出乎意料的时刻,在一次普通的上升过程中,电梯遭遇的灾难性事故,和那个揭露电梯装置本质的人。同化为白人的有色男子和无辜的电梯全靠运气。"(231)他只希望姐姐不会出现,希望重力不会背叛上升。

莱拉·梅深夜返回范妮·布里曼格斯大楼,那时她发现了电梯的秘密。尽管11号电梯已完全损坏,但她用14号电梯重现了当时的体验,上升过程中生动而尽量细节地回忆起11号电梯运行留给她的直觉印象。当她上升时,"精灵们恰好在此时出现,翅膀将它们托起。它们充满活力而又一丝不苟,用莱拉·梅心灵的语言告诉她,电梯的垂直运作天衣无缝……精灵们示意退场,没有为她孤独的掌声停留。她睁开眼睛。门打开,四十二楼凝滞的空气。她按下大厅按钮。虚无。"(227)

莱拉·梅在"虚无"中确认,11号的坠毁不是因为蓄意破坏——罪魁祸首不是联合或阿尔波,也不是山科或他的下属。她的直觉认为,犯罪鉴定无法找到任何可以解释事故的蛛丝马迹。她把这场灾难性事故比作彗星,经历过"无数徒劳的椭圆形轨道",突然偏离正轨,撞上一颗行星,一个"不可知的使者"。她意识到"她的原则[直觉主义]和经验主义拥有一个共同点:它们无法解释灾难性事故"(228)。"电梯一直假装成另一种东西……它认识到这件事吗?在富尔顿一切拟人化处理之后:这台机器认识它自己吗?是的,它具有正常的电梯情绪波谱,但它拥有明确表达的自我意识吗?……它决定同化了吗?说谎,背叛自己?甚至连富尔顿都不愿意靠近灾难性事故:即使在解释令人难以置信的观点时，他也从未敢涉足这个不可知的领域，莱拉·梅十分恐惧地想到。"(229)这里模糊的含义在她总结性的自由间接引语中被放大："这是场灾难性事故，也是一条给她的讯息。这是她的事故。"(229)

灾难性故障：讯息的意义

她发觉了什么讯息？尽管本书智慧的评述吸引了一众杰出评论家，如劳伦·勃兰特（Lauren Berlant）、约翰·约翰斯顿（John Johnston）和拉蒙·萨尔迪瓦（Ramón Saldívar）等，但据我所知，关于这一段非凡的段落，还没有人发表令人信服的解释，或者根本没有任何解释，尽管可以说它构成了小说叙事的高潮。面对这一空白，我想提出一种有些争议性的阐释方式，它建立在这部小说与计算理论中一个经典问题的联系之上。由于小说中从未提及计算，此举被认为是过度延伸也不足为奇，但我认为它能阐明文本中关键的不在场，从而提出强有力的观点。它还在两种截然不同的机器之间建立争议性的联系，其一被视为技术认知的典范——计算机——另一边则是认知意义上极少考虑的设备——电动机械电梯。这里提出的解释还将说明，认知系综的概念不仅包含其他技术设备，还可以延伸至公开的政治议题，包括种族、性别歧视、城市基础设施设计和制度政治。

约翰·约翰斯顿（2008）为这种阐释的可能性给出了宝贵的提示，他简要指出电梯是一种有限状态机（finite-state machine）。有限状态机是只能在确定的几种有限状态内运行的机器，比如电梯或闸机，不同运行状态之间存在清晰的过渡。例如，旋转栅门通常处于"锁定"位置，在这种状态下人们无法通过；投入硬币或代币之后，启动过渡阶段，移动到"解锁"位置，这样人们才能够通过。电梯和闸机一样，具有有限数量的运作状态，表现为它所停靠的不同楼层；按下楼层按钮即为启动过渡阶段，从一个状态转换到另一个状态，从一层楼到另一层楼。

电梯作为有限状态机的意义，在于它与另一种有限状态机之间存在的相似性，也就是阿兰·图灵提出的理论计算机（theoretical computer），这是一种概念上的计算机，用来理解计算的潜力和局限。就像电梯从一层楼移动到另一层楼，只不过图灵的装置不做垂直运动，而是水平移动，它的读写头沿纸带移动，纸带上分隔出一系列区块或单元格。[1] 读写头在每个单元格中写入 1 或 0，或者擦除原有内容，沿纸带来回移动指定数量的单元格，并根据其程序（或指令集）标记指定的符号。尽管纸带长度为无限，但机器使用的单元格数量总是有限的，因此它符合作为一种特殊的有限状态机，尽管由于它拥有的计算潜力而能力更强大。按照惯例，这个简单设备被称为图灵机。继1936—1937 年发表开山之作及之后的许多文章，图灵用它来证明有关计算的重要定理，而它也被广泛认为是现代计算理论的基础。

在他最初提出图灵机的出版物中（Turing 1936-37），图灵用它来探索"Entscheidungsproblem"，即所谓的停机问题（halting problem）。[2]

---

[1] 一些地方将图灵理论模型描述为机头移动，另一些则描述为纸带移动。选择十分随机，毕竟机头和纸带保持相对运动。在此我使用机头移动版本，目的是更方便与电梯进行类比。在图灵本人的想象中，一个"电脑"（在他的年代，这意味着一个执行算术的人）能根据程序指令移动机头/纸带。

[2] 图灵本人并未在文章中使用"停机（halting）"一词，而是将"Entscheidungsproblem"翻译成"决定问题（decision problem）"。后世评论者将其重命名为停机问题，更加准确地表明问题的本质。

停机问题很重要，因为它属于已被证明为不可判定问题的数学问题类别。图灵试图解答的问题：是否存在一种程序，对于所有可能的图灵机算法，能够预先判定某一给定算法是否会停止运行（即计算是否有结果）？图灵证明，不存在这种通用程序，他表明假如其存在，就会产生矛盾。他的证明是技术性的，但广义上说他的策略如下。众所周知，大多数实数都是不可计算的，也就是说不存在可以逐位生成它们的程序。图灵证明，任何能够预测计算是否会停止的程序，都能够计算实数。① 因此，由于大多数实数为不可计算，那么该程序存在的假设一定是假命题。其结果是，他为计算可实现的范围设定了一个概念限定。

图灵的停机问题证明可与库尔特·哥德尔（Kurt Gödel）的不完备性定理（incompleteness theorem）互换。正如图灵证明是否所有可能算法会停止的问题为不可判定，哥德尔则证明，任何足以进行算术运算的形式系统，必然至少存在一个不能被证明真假的命题，因此为不可判定的。哥德尔表明，总是有可能将关于数论的命题（即元命题）折叠成数论*中*的命题，折叠导致的自反性产生歧义，从而产生不可判定性。举个简单的例子来说明类似的歧义，如命题"这句话是假的"。假如这句话是真的，那么这个命题一定是假的；假如这句话是假的，那么这个命题一定是真的：换句话说，这个命题真假与否不可判定。

现在，让我们回到莱拉·梅在 11 号电梯失灵中觉察到讯息的段落。还记得她已经得出结论，无论直觉主义和经验主义的方法论，都

---

① 人们设计出有限类别的算法步骤，能够预测它们是否停止；图灵的证明适用于通用步骤的可能性，通用于所有能够在图灵机上运行的可能程序。

无法预测灾难性事故发生;理性测量和非意识认知的直觉都无法捕捉。我认为,灾难性故障是被翻译成"电梯语"的停机问题,将"停机"这一概念赋予字面意义上的移动停止(而不是计算的结束)。通过类比,莱拉·梅重访范妮·布里格斯大楼时面临的问题:是否存在一个程序,能够事先决定给定电梯是否会在适当的时候停止? 她意识到,答案是否定的:对于所有电梯,都不存在这样的程序,就像不存在任何程序能够提前决定所有图灵机算法是否会停止一样。

这种事件发生概率微小,但该事实并不会削弱其理论重要性。尽管灾难性故障发生的"概率是百万分之一"(230),它的存在已经通过隐含类比停机问题得到证实,表明它不能在不产生矛盾的情况下完全被消除。莱拉·梅认为,这样的事件"不是极少发生的事件,而是当你减去总是发生的事件时才会发生的事件"(230)。"从历史上看,它们是好事或坏事的预兆……敦促改革……或告诫浑浑噩噩的现代公民,这里存在一种超越理性的力量。"(230)

虽然一般而言,灾难性故障对于那些为确保垂直运输安全工作的人来说是终极噩梦,它是强大的幽灵,即便富有远见的詹姆斯·富尔顿也避免与之接触,但莱拉·梅从第11号的灾难性故障中获得了超越经验主义和直觉主义二元论的选择:不可判定。

错误的解放性潜力

为了进一步强化图灵在停机问题上的理论贡献,及其与怀特海德叙述的相关性,我们可以转向格雷戈里·J. 蔡廷(Gregory J. Chaitin)的研究(Chaitin, 1999, 2001, 2006)。蔡廷着迷于图灵的证明,他提出一个相关但又不同的问题：从图灵机可以运行的程序中随机选择其一，它能够停止运行的概率有多大？请注意，图灵的证明并未考虑可停机和不可停机程序的相对概率；它只是简单地提问是否存在一种程序能够提前判定是否所有可能程序会停止运行。蔡廷将这一问题的解的数字定为 Ω，而符合 Ω 的一类数字带有不同寻常的属性。

这类数字的特点之一为，构成 Ω 的数字序列是随机的；也就是说，序列中给定数字出现的概率，无异于公正地掷硬币的概率。因此，由于 Ω 不能作为整体被计算（也就是说，Ω 序列无法预测，并且无限），它们不仅构成了不可判定，而且构成了不可知。Ω 的含义对于数学基础的影响非常深远，因为如果用数论验证，它们表明即便是数学这种学科，长期以来被认为最精确，同时也是理论物理学等学科的基础，"随机性也无处不在"（Calude and Chaitin，1999，319）。这些作者总结道："随机性，不论在纯数学还是理论物理中，都是根本且普遍存在的。"（320）他们继续："即使哥德尔和图灵证明希尔伯特的梦想〔所有数学问题都可证明，并且具有连贯性〕落空，但大多数学家还是继承了希尔伯特精神，继续前进。但现在，计算机终于改变了我们做事的方式。在计算机上进行数学实验很容易，但你不是总能找到解释结果的证据。因此为了应对，数学家有时被迫以更实用的方式证明，就像物理学家一样。Ω 的结果，为这场革命提供了理论基础。"（Calude and Chaitin，1999，401）

再回到《直觉者》，我们从这种革命精神中得到一种解释，足以说明莱拉·梅为什么相信灾难性事故带给她的教训和她从富尔顿著作中学习到的内容，会帮助她打开一扇新的大门，实现下一步的跃进："第二次上升。"（61）在她刚开始寻找真相时，里德先生曾问她："完美的电梯是什么样的? 那个带我们离开这座苦难之城,还有这些残破棚屋的电梯在哪里? 我们不知道,因为我们无法看到它的内部是什么样的,我们无法想象它,就像我们无法想象天使牙齿的形状。这是一个黑匣子。"(61)里德的视觉象征表明,当黑匣子打开时,真相就会显露。然而,莱拉·梅直觉给出的答案更微妙,也更强大。黑匣子的力量不在于隐藏一个可知的答案,而是在于它象征了知识的有限性,不论对于经验主义还是直觉主义来说。黑匣子无法被打开,因为作为一个完整而神秘的统一体,它指向不可知本身。

在《理论电梯》第二卷(当他开始认真对待第一卷中作为玩笑出现的乌托邦主义)中,富尔顿这样写道:"电梯是一列火车。完美列车的终点站是天堂。完美的电梯等待它运送的人类在污秽中找到文字……在黑匣子中,人类混乱的交流被化约为化学物排放,被灵魂的接收器理解,然后翻译为真实的语言。"(87)这段文字常常被解读为暗示莱拉·梅进行检查时所具备的直觉知识,但"学会阅读"作为不可知的黑匣子,则给出了另一种可能性。

启蒙之后,莱拉·梅想起富尔顿对"他的羊群"所做的演讲,听众们虽然倾听,但"并没有意识到他话语间真正的含义。*电梯世界看起来会像是天堂,但不是你想象中的天堂*"(241)。同样,黑匣子揭示了数学家们没有想过的真理——不是希尔伯特假设的连贯、可知的系统。如果对于希尔伯特来说,天堂是完全公理化的数学,那么实际上恰恰相反,天堂是一种随机性的数学,可以从直觉中产生,正如它可以从逻辑演绎和归纳中产生一样,某些知识充斥着不可避免的不可判定和不可知洪流。莱拉·梅沉思富尔顿探索的局限,认为他"从未敢涉足这个不可知的领域",因为恐惧攫住了他(229)。当他最终面对以黑匣子形式出现的不可知时，他意识到它的解放潜力，但"当然，当他开始相信，已经太晚了"（252）；富尔顿在完成之前就去世了，创造它的任务因此落到莱拉·梅身上。

认知系综与不可知

当然，《直觉者》不是一篇数学论文，而是一部复杂的小说，种族主义、资本主义、制度、政治、技术基础设施、有限状态机器和凌乱的人类心理交织在一起，共同创造出一个庞大的认知系综，选择、阐释、认知和物质性在其中不断流通，并融合成临时的、流变的结构与潜在可能性。为了解释图灵与蔡廷的研究和这些系综之间的隐含联系，我将介绍任教于伦敦大学金史密斯学院的意大利理论家露西安娜·帕瑞希的一篇文章，她精辟地阐述了蔡廷提出的 Ω 的重要意义（Parisi，2015）。

克洛德和蔡廷观察认为，数学现在必须以更类似于实验科学的方式发展，而不是通过所谓更"严谨"的演绎和归纳法。据此，帕瑞希运用C. S. 皮尔士（C. S. Peirce）的符号学来阐明这一转向的意义，追随德勒兹和瓜塔里，她将其称为"实验公理"（Parisi，2015，8）。在她看来，皮尔士溯因法（abduction）就是转向的典例，即利用数据制定最佳猜想假设的过程。"蔡廷称，由计算过程得到的假设，无法事先通过程序预测，因此应当以'实验公理'的形式得到解释，它们是从算法的数据推理综合中生成的假设或真理。"（8）这又导致"出现一种能够使用数据环境的可理解形式（a form of intelligibility）——将整合的或自动化的社会实践具象化而形成的信息结构——从而为初始编入程序添加新的公理、代码，以及指令和新的意义。这里的编程过程符合可理解程序的形成，其中的算法指令能够从它们检索的数据环境中推断出新模式，从而转变程序本身的预设功能"(8)。

随着帕瑞希转向从算法中学习，而不排除偶然性和错误，她发现新自由主义资本在计算媒介和数据库运作中发生巨大转变。规则不再支配算法工作，而是从数据环境中溯因地涌生，它们也可以被理解为"数据的总体使用意义"(3)。"这是一种全新的推理模式，它并不基于预先建立且需要证明其为真的公理，"帕瑞希指出，"而是建立在假设的功能之上，它们容纳易错性或错误的重要性，这是为了*发现新概念*，同时修正了科学的和表现的认知形象。"(10-11)

从帕瑞希的解释中，我们可以发现一种新的解读方法，使我们理解莱拉·梅的"讯息"如何作用于一项更宏大的任务，不仅是为了重新想象电梯，而且能够撼动根深蒂固的种族主义根基，让"世界上最著名的城市"走上新轨道，前往一个更公平、公正和自由的社会，实现"二次上升"(Whitehead,1999,61)。错误和易错性成就可能，这一"新概念"的发现解放了算法推理——并延伸到电梯作为有限状态机——仅仅通过执行程序来决定它的运行任务。发生灾难性故障的可能性永远存在，那正是电梯实现的"通过行为的思考(thinking through doing)"(Parisi,2015,11)，这思考通过它未解释的，也无法解释的坠毁得以实现。

莱拉·梅检查电梯时，接收自电梯的感觉和核心意识中可视化的解读象征了非意识认知，而上述解释也使我们理解为什么非意识认知本身无法带来真正的转变。情动资本主义和计算媒介利用那遗失的半秒钟劫持了人类的情动反应，使得意识来不及对其进行评估和反应

(Parisi and Goodman,2011)，这样一来非意识认知可能被新自由主义资本的设计绑架——或者如怀特海德小说中所写，电梯公司通过维持机构性种族主义和等级制度来确保自己的利益。对于帕瑞希而言，即使面对情动资本主义，争取到一定程度的阐释性选择的逃避条款，也顺应了广义人工智能的名义。"新自由资本主义的反逻辑机器，通过思考的情动捕捉否定了广义智能的自主性，反对它的实用主义推理观能够帮助我们解释固定资本不仅是剩余价值的新来源，它还包含着一种异样的逻辑，从中推断出很难被纳入资本本能的捕捉机制的新意义的秩序。"(Parisi,2015,11)

这种"异样的逻辑"不同于里德先生与莱拉·梅对话时构想的逻辑，当时他暗示电梯转型的关键可能是以电梯的视角架构一种理论，而不是从"异样"的人类逻辑出发。在他的设想中，改良后的电梯应该是性能良好的有限状态机，而非无缘无故坠毁的故障电梯。无论从"异化"的人类视角还是从电梯自己的视角出发，如果它永远陷入预设的分散有限状态，那么它将无法完成莱拉·梅——或可以假设为作者——所渴望的激进变革。

继蔡廷之后，帕瑞希援引"实验公理"的重要性在于，这些公理明确从数据环境中生成新规则和新概念，即她所谓"将整合的或自动化的社会实践具象化而形成的信息结构"(Parisi,2015，8)。在我看来，数据环境是形成认知系综的社会环境，然后通过实验公理在其中创建新概念，这反过来又会改变数据处理的支配规则，然后将规则的变化反馈到认知系综中，改变它们的运作方式。正是这种反身性动态，使认知系综能够朝向意想不到的新方向发展——我认为，这正是帮助我们理解电梯灾难性故障如何不断在认知圈中扩展的关键点，这样的认知圈能够改变"世界上最著名的城市",以及其他所有城市的建构方式。

在一个奇怪的巧合中,帕瑞希引用了一位哲学家——和一种哲学——他一直在这场讨论的边缘蠢蠢欲动,尤其当她写到计算需要"以其推想的可理解功能构想,不可知事物据此借助算法摄入"(Parisi,2015,8)。当然,摄入(prehension)是阿尔弗雷德·诺思·怀特海德(Alfred North Whitehead)用来构想一种过程性世界观的术语,在摄入过程中"现实实体(actual entities)"(Whitehead,1978,7,13 passim)①出现和融合,这是马克·汉森解读21世纪媒介时,理解这些媒介如何在人类不可触及的时间体制下运作的核心观点。至此,两位怀特海德的观点发生碰撞。一位是小说家,在虚构中创造出假定能够摄入和阐释性选择的电梯能动者。另一位则是思想家,对他来说"广泛连续体(extensive continuum)"(Whitehead,1978,61 passim)中产生摄入,也从中生成"真实实体"。当一切相互联系,受到影响同时也影响外界,改造电梯技术便有可能改造文化和社会。

在这种背景下,电梯运行中的错误不仅只是缺陷;反而,它们将暴力和灾难性故障推向极端,在历史现在的时间结构中撕开一条裂缝,透过它瞥见一种更美好、更加乌托邦式的未来。正如帕瑞希所说,错误使"新概念的发现"成为可能——在小说中,新概念意味着转变城市建筑的垂直结构,这反过来开辟了重新思考基础设施的可能性,包括

---

① 译者注:"现实实体"不是实体哲学中的物质存在,而是一些时刻处于变化中的经验与过程,怀特海德认为它们是构成世界的终极实在。作为过程哲学的核心概念,"现实实体"反对传统上唯物主义的物质实体和唯心主义的精神实体,认为实在是一种过程。

人类、资本家、技术和有限状态机，这些部分集合在一起形成新的认知系综类型，它能够抵制情动和固定资本的捕获，并且改变根深蒂固的特权层级和与之相关的制度化种族主义。

审美策略和推想现实主义

即使我们忽视（或仍然怀疑）我提出的小说对停机问题影射的观点，我们仍必须承认《直觉者》不同寻常。故事设定在一个不知其名但非常具有识别度的城市，发生时代未可知，但拥有大量历史细节。这样一来，《直觉者》只是稍微偏离了我们所熟知的历史——不够格作为架空历史，也不能被立刻归入历史小说分类。拉蒙·萨尔迪瓦认为《直觉者》属于一种文学潮流，他将之命名为"后种族"（Saldívar, 2013, 1），指涉科尔森·怀特海德在《纽约时报》（Whitehead, 2009）上发表的一篇专栏作品，他在文中使用这个词语描述奥巴马胜选后的美国社会。萨尔迪瓦从一开始就明确表示，"当代美国的种族和种族主义绝非不复存在"，并指出他紧随怀特海德的步伐，昭告它"只是被表面抹去，并带有十足的讽刺"（2）。

他指出"后种族"小说展现的四种一般特征，并列举了一系列代表这一趋势的作家和文本。在结合后现代美学的同时，他们混合各种一般形式，主题集中在种族上，并将其定性为"推想现实主义（speculative realism）①"，"一种推想文类虚构模式的混合杂交，包括自然主义、社会现实主义、超现实主义、魔幻现实主义、'肮脏'现实主义和形而上现实

---

① 译者注：在此以"推想现实主义"指代文学流派，本书别处涉及哲学运动处作"思辨实在论"。

主义"(5)。在我看来,他分析中最引人关注的部分,在于为何推想现实主义应当作为与后种族文本相关的审美模式出现。"如何写作关于未来的历史?"他发问。"一种写作风格应当满足何种条件,才能够恰当书写尚未存在或根本不会存在的未来?"(7)具体讨论《直觉者》时,萨尔迪瓦认为它"是对乌托邦欲望的种族化描绘,它将其提升到另一层次,表现为一种新形式的发明,即暗黑体裁(black noir),开启的风云诡谲属于幻想而非历史……关键在于这种文类的杂合,在证据指向反方向的情况下,允许了何种对乌托邦的辩解"(11)。

萨尔迪瓦将推想现实主义用作文学术语,某种意义上与欲求打破有限边界的同名哲学运动思辨实在论(Speculative Realism)不谋而合——即打破康德思想的封闭圈,拒绝我们在本质上永远无法理解事物本质的观点,转向拥抱甘丹·梅亚苏(Quentin Meillassoux)所谓其他可能性的"旷野"(Meillassoux,2010,29)。数学,尤其是策梅洛—弗兰克尔集合论,应当成为引向这些可能性的通路,而梅拉苏早已追随导师阿兰·巴迪欧展开求索(Meillassoux,2010,112-28)。在这一背景下,也许将怀特海德的小说与计算理论,尤其是停机问题联系起来并不足为奇,使之作为一条通向"二次上升"那"旷野"的通路。

萨尔迪瓦的论证准确捕捉到小说结尾处鲜明的乌托邦倾向。"他们现在还没有准备好,但终有一天会,"莱拉·梅想。"有时,她在自己的新房间里好奇地想,谁会率先解码新电梯。可能是阿尔波。可能是联合。这些都无所谓。就像选举一样,他们细枝末节的争吵为即将到来的新事物提供了土壤。它以自己的方式,让他们做好准备。"(Whitehead,1999,253)她的随意态度令人吃惊,在她眼里,那些资本企业根本无关紧要,这与《上升》杂志调查记者、有时是大资本家私刑受害者的本·乌尔里希早先为她描绘的图景截然不同。"你认为这只是哲学问题吗？谁才是更好的人——直觉主义者还是经验主义者？根本没人在意这件事。阿尔波和联合才是做事的。这才是真正要紧的。"(208)

乌尔里希的观点与马克·费舍尔(Mark Fisher)在《资本主义的现实主义》(*Capitalist Realism*)一书中提出的立场非常吻合。在电影《人类之子》(*Children of Men*)想象的未来中，人类基本丧失生育能力，费舍尔认为这是社会面临"历史终结"的暗喻(Fisher,2009,80)，人们无法想象资本主义之外的可能性。"如果没有新事物，文化能维持多久？"费舍尔想象这是影片提出的问题。"如果年轻人不能再生产意外，等待我们的会是什么？"(3)他提出，资本主义具有超强的形态变换能力，将一切吸纳入自己的动态中，甚至包括假定的反对者和抵抗者。这有些类似于约翰·卡朋特(John Carpenter)导演的电影《怪形》(*The Thing*)，其中的怪物无固定形态，能够吞噬一切。他引用巴迪欧评价道："这里的'现实主义'，就好比抑郁症患者丧气的视角，坚信任何乐观状态、任何希望都是危险的幻影。"(5)

在这种背景下，《直觉者》的古怪之处就不能被简单理解为标新立异，而应被视为一种政治—审美策略。它呈现出似是而非的历史，将资本主义历史陌生化，允诺未来一线希望的同时，又足够贴近我们的历史现在时，使我们辨认出它描绘的不平等结构和制度化种族主义。满怀希望但不过分天真，尚未完全成型但并非含糊不清，莱拉·梅相信她能打开的新时代大门，这扇门正在坚定的边缘微微颤动，尽管有些不可置信，但是却至关重要。"它会到来的。她从来不会犯错。这是她的直觉。"(Whitehead,1999,255)

历史现在时与认知系综

假如通往美好未来的道路已然开启,它将如何影响莱拉·梅所处的当下,或者我们这些读者——小说背离了我们的当下和过去——所处的当下? 非意识认知和认知系综在未来/过去/现在的转化中,又扮演什么样的角色? 劳伦·勃兰特在关于历史、情动和二者互动的论文中提供了实用框架来讨论这些问题(Berlant,2008)。她发问:"情动如何能够感知人们生活的时刻是集体的、跨地域的,而并不仅仅是一种意识形态的记录?"(846)她认为,情动是"身体在当下强度中的主动存在",它将"主体嵌入历史场域",且"针对情动展开的学术研究,可以传达某一历史时刻的生产状况,呈现为一种有机时刻"(846)。简而言之,她在寻找一种纳入情动的分析,将其作为历史现象,针对历史特定性作出反应,并且作为其部分成因。如此一来,可以将情动看作雷蒙德·威廉姆斯所谓具有某一特定时代特征的"感情结构(structures of feeling)"(Williams,1977)。她明确指出,威廉姆斯采用的代表性马克思主义视角认为,情动必须参与历史时刻的生产,但这种观点主要强调系统性和意识形态,对于情动的理论处理仍然十分模糊,因而不尽如人意。

为了创造出一种能够将情动以并非粗浅的方式纳入历史事件的理论,勃兰特使用了本章中已经出现的一个术语,也就是"历史现在时(historical present)"。她解释:"我的兴趣在于构建一种针对历史现在时的分析模式,使我们摆脱结构(解释世界再生产中系统性的存在)和能动性(日常生活中人们的所作所为)的辩证关系,转向它们在场景中的嵌入,催动感觉中枢进行判定、适应、即兴反馈,和针对当下呈现的全新本能假想。"(846-47)因此,历史现在时"并非关于追溯性的实体化",而是一种"被制造、被体验、被理解的事物"(848)。更甚,她理论化了一种慢性危机,以及与之相关的文类,"将当下生产为一种对意识的持续压迫,强迫意识将自己所处的时刻理解为历史性的。""危机揭示和创造出日常栖居的习惯和文类,同时重构的世界从来不是未来,而是被栖居、被打开和在其中移动的浓墨重彩的现在。"(848)如此,历史现在时平常而又多样,人们通过情动体验到它,同时也开启了其他栖居的存在模式。

勃兰特的分析非常精彩,以至于阅读时忍不住让人咬紧牙关。《直觉者》是她分析的两篇引导文本之一(另一篇是威廉·吉布森的《模式识别》),在分析它时,她敏锐地认识到情动在文本中扮演的重要角色,故大段引用莱拉·梅对125号沃克电梯的直觉性评估。但当讨论到11号电梯的灾难性故障时,勃兰特的分析露出了弱点。她将莱拉·梅深夜造访范妮·布里格斯大楼解读为"电梯呼唤她为自己洗刷罪名,寻找更高的真相"(853)。尽管她认识到这在某种程度上是有关电梯对莱拉·梅直觉的重塑,但她将之视为一种"直觉上的转变,活在当下无所畏惧的种族想象中,不再忠心耿耿地保护白人世界,并将未来理论化为充满生机活力的行为"(854),却没有解释为何灾难性事故能够将莱拉·梅送上这条道路,以及"更高的真相"究竟是何含义。解释清楚这一点对于她的论证十分重要,但她没能将电梯故障传达给莱拉·梅的个人讯息与莱拉·梅通过努力将要实现的更大范围的社会转变联系起来——也就是说,无法从个体的情动感受和体验,进一步跨越到更广泛的社会情动体验,后者才是建构和定义历史现在时特殊性的原料。

此前我关于停机问题的论证,恰好填补了勃兰特论文在这种联系上的空白。停机问题将莱拉·梅接收到的个人讯息与更广阔的社会关照乃至认识论本质联系在一起,尤其是错误和故障扮演的建设性角色,这个时代恰好位于发展更强大计算媒介的边缘,而计算媒介的出现将会深刻改变人类—技术认知动态。我想强调情动在认知系综中的重要性,勃兰特的论文在这一问题上表现出令人钦佩的雄辩。她以富有说服力的清晰条理展示出情动如何加深和延伸对历史事件的摄入,同时避免"事件化(eventilization)"(849)因滑入过去而失去效力。正如她所说,它们持续在"历史现在时"中运作,将后者呈现为被即刻经历的体验和与其他偶然事件相互作用,从而形成历史联系的摄入。

回想之前的分析,非意识认知作为调解身体、本能行动与更高层级意识/无意识模式的场所,与情动密切相关。在这种背景下,认知系综的理论意义在于,它们能够展现情动如何与其他形式的技术和人类认知相互结合,共同创造动态系统。这些动态系统足够灵活,可以持续改变结构,同时足够稳定,能够在人机交互的复杂结构中发挥功能。在这样的系统中,当面临决定性的拐点,错误和偶然事件可能会使系统倾向某一边,系综便由此以全新而出乎意料的模式运行。

认知系综与小说形式

勃兰特的文章力图将情动纳入历史,从而将其融入我们对历史(或者像《直觉者》这样接近于历史的例子)小说的理解。在她的追求背后,隐藏着另一个与我议题相关的问题:文学,特别是小说,对我们理解认知系综,以及人类和技术非意识认知所扮演的角色有何贡献?

小说演绎出何种具体的动态,尚未出现在社会学、历史学、哲学、人机界面设计、统计学、数学、物理学和生物学等学科中? 尽管大多数小说都能够提供类似的案例,为了方便起见,我选用《直觉者》中的例子。对于该问题暂时性的回答包括以下几点:

1. 小说展示了情动如何在个人和集体的人类生活中发挥作用。莱拉·梅在"世界上最著名的城市"中所处位置的脆弱不安(precariousness),不仅体现在她遭受的怀疑和微妙的恶意上,更表现在它们如何影响她的身体、衣着、情绪、手势、体态和面部表情。每天晚上,她躺在床上进行面部肌肉训练,直到作出完美的表情,展示给这个充满敌意而冷漠的世界,建立起应对诽谤诋毁、含沙射影、毛手毛脚和不尊重的脆弱防线。从集体的角度而言,在小说的一个场景中,电梯检查员们聚集在奥康纳的酒吧(Whitehead,1999,24),观看 11 号电梯发生灾难性故障的新闻,这表现出群体兴奋极具传染性,共同的情绪瞬时刺激了观看者,通过集体团结感和必要他者,排除不属于这一群体的人,比如莱拉·梅。喝醉的莱拉·梅紧紧抓住她在部门里唯一的朋友查克,把他拽进女式洗手间向他求助(34-37),他看到她醉倒在唯一的马桶前,感到一阵难受,因为她的姿势像极了他的母亲。作者在这些情动细节中埋下伏笔,解释了后来查克为什么会冒着风险帮助莱拉·梅。

2. 小说为生存经历提供了具体的——历史、种族、性别、经济和心理——语境。约翰·舒什危险(并不安全)的房子中有一间地下室,兼用作酷刑室。本·乌尔里希在里面看到的床垫和墙壁污渍,充分说明这间地下室的用途和前住客的遭遇(94-95)。当莱拉·梅被带进地下室,潜伏的危险气息增强了她与山科对话的紧张感。这也使他宣称自己并未蓄意破坏电梯显得更有说服力，因为很显然他棋高一着，因而没有必要向莱拉·梅撒谎。本·乌尔里希后来告诉莱拉·梅，他知道绑架他的人不是约翰·舒什的手下，尽管他们故意假扮成那样，但从他们衬衫的质量可以看出这些人是电梯公司的走狗（210）。文中充满建筑、服饰、家具等各种微小细节，为人物以及读者的反应赋予意义。

3. *小说描绘了驱动系统动态的一系列阐释和选择。* 在莱拉·梅第二次造访富尔顿的管家玛丽·克莱尔·罗杰斯时，看到她的房子（在第一次造访中，她已经提醒莱拉·梅房子是她的财产）遭到公司暴徒的破坏，他们不但打碎所有装饰灯罩上的陶马，还在地上撒尿。莱拉·梅拿起扫帚帮忙打扫，撒谎说没有闻到尿味，正是这些礼貌的小举动扰乱了平衡，最终促使罗杰斯夫人决定交给她富尔顿的剩余手稿。莱拉·梅选择伸出援手而不是袖手旁观，这给系统带来微小的扰动，从而引发系统动态的剧变。

4. *小说提供形式，塑造体验。* 勃兰特在论文中将文学类型定义为"一种松散的情动契约，能够预测某作品中审美交换将采用的形式"（Berlant，2008，847）。如萨尔迪瓦指出，怀特海德的小说具有混合性，它将现实主义模式的叙事、设定、人物与幻想元素杂糅在一起，包括通过人类后背接触电梯震动，凭直觉诊断电梯的健康，最终将诊断结果归因于电梯的情绪、说谎能力和刻意误导，以此作为电梯"同化"的形式。小说形式预测、引导和演绎的各种审美交换，发生在种族和性别结构性不平等的严酷现实与乌托邦转型这一推想可能性的边界上。偶然性、错误和必然性随意混合，各自发挥作用，决定认知系综如何涌生和演化的动态。富尔顿在校园里见到莱拉·梅，便询问她的名字；然后，他被换鞋底的价格和其他琐事分神，在论文边缘随手写下"莱拉·梅就是那个人"（251），这条讯息在预言与巧合、错误与封圣之间不定地回旋。

5. 小说在不同现象之间建立连接。种族上升和垂直交通工具之间的纠缠，不仅在富尔顿的论文中引人注目，也在其他地方有所体现，为一系列其他类比埋下伏笔——同化为白人的黑人，和同化为健康的故障电梯；建筑和种族关系的二次上升；一场将要重塑城市和灵魂的技术革命。文中一个典型场景演绎了令人意想不到的联系，莱拉·梅在研究所挑灯夜战时与富尔顿遥遥相望，当时富尔顿已经患上痴呆症，却在夜晚研究所顶楼的图书馆游荡。他看到她的灯亮起，她也看到他的灯，正是这种偶然的安排，其后回想起来又是一种怪诞的巧合，或是两人之间神秘纽带的开端。

6. 小说运用文学资源，表达超越文字的意义。在主题层面上，《直觉者》影射停机问题和不可知的黑匣子，展示出指涉范围能够以几乎无限的方式拓展。用文学术语来说，修辞手法，比如反讽、隐喻、转喻和借代（肯尼斯·博克［Kenneth Burke］提出的四种主要修辞），展现出使文学语言能够同时发挥情动与概念性功能的能力。加勒特·斯图尔特（Garrett Stewart）（1990）认为，文学语言与普通散文语言的不同之处，恰恰在于前者具备引发各种具身反应的能力。斯图尔特评论道，如果我们不问阅读了什么内容，而问阅读发生在何处，答案可能包括：发生在默读的喉咙、产生具身反应的内脏、控制血压升降的循环系统、使瞳孔随着情节跌宕起伏而收缩扩张的中枢神经系统，以及一系列其他具身和情动的反应。

7. 小说运用具体明确而非抽象的术语探讨伦理问题。莱拉·梅将富尔顿的笔记本交给雷蒙德·库姆斯，这一定充满讽刺意味，从她开篇在阿尔波的办公室与他当面对质，到她离开时留下一句"我只是想帮忙"（251）。当时他不知道的是，她还将笔记交给了山科，也就是阿尔波的死对头联合公司。她还把一份拷贝给了本·乌尔里希，那个将这两家公司视为死敌的调查记者。她给予这三方势力同等的竞争机会，说明在她看来，接收者的身份差别与她预见到的未来无关紧要。"她送给他们的电梯……应该足够让他们忙活一阵子了。终有一天，他们会意识到它也不完美。时机一到，她就会交出完美的电梯。如果时机未到，她会一点一点泄露富尔顿的预言，让他们知道完美即将来临。"（255）她的选择同时具有道德性、政治性和技术性，暗示一种观念模式的转换，她一跃成为未来的领导者和设计者，再非只能针对他人采取的行动作出反应。她效忠的对象——可以说是唯一效忠的对象——是她即将创造的未来和潜伏在未来中的乌托邦希望。

当然，上述几点指向小说*内部*的表征，但小说也可以作为认知装置在更大的认知系综中发挥功能，这样的认知系综还包括出版商、读者、评论者、媒体、网络和传统传播渠道，及一系列其他人类和技术系统的松散集合，从而形成灵活和不断变化的认知系综，其中的选择、阐释和语境作为信息在系统内部和系统之间流转。直觉更广义的重要性，不仅在于它与经验理性的对比（如怀特海德小说中指出，直觉主义和经验主义相互印证对方的局限性），更在于系综中不同层级的认知体在竞争合作中创造人类—技术互动的涌生动态。非意识认知是理解这些系综如何形成和转化的关键，尤其是它们如何在人类和技术认知体之间建立联系。然而，正是在认知系综中和通过认知系综，以及它们创造的混淆过去和未来的时间折叠中（Serres 和 Latour 1995；Latour 1992），历史现在时得以厚重地现身。

第八章　认知系综的乌托邦潜力

20世纪中叶,诺伯特·维纳(Nobert Wiener)还在控制论范式的危险和希望中挣扎。挣扎的结果之一便是《人类对人类的使用》(*The Human Use of Human Beings*,1950),相比于连贯论证,这本书更像是希望与恐惧的混乱融合。半个世纪之后的我们利用后见之明,可以看到控制论范式是如何既具有启示性,又具有误导作用。它的正确之处,在于预见了人类、非人类生命形式和机器之间的交流模式,这对于地球的未来而言越发重要;它的错误之处在于认为反馈机制是控制这一未来的钥匙。事实上,控制这个概念,蕴含人类统治和例外主义的历史包袱,就算不是绝对危险,至少也已经成为明日黄花。现在,新千年到来已有些时日,我们渐渐能够欣赏联网和可编程媒介给人类复杂系统带来的巨大改变,也开始瞥见这些状况已然如何开启乌托邦思想和行动的全新可能。

预测一切相关结果,并利用预知决定未来,假如这种控制观念已经被扔进历史的垃圾桶,那么它的终结表明,利用严格程序定义边界和建立协议,让形式(数学的或计算的)系统可被追踪的尝试,恰恰证实了落在这些边界之外的存在:不可计算的,不可判定的,不可知的。露西安娜·帕瑞希在论述通用人工智能的研究(2015)中指出了格雷戈里·蔡廷的研究在这一方面的重要性,这一点已在第七章中有所讨论。此外,她扩展了蔡廷研究为发达社会提供的解放性潜力的论述,其中论及数据库和越发精密的监控技术之间的相关性,似乎使国家控制和资本剥削之间的互动任务变得更加具有侵犯性和压迫感。碧翠丝·法兹(Beatrice Fazi)(2015)在帕瑞希的指导下完成毕业论文,她从另一方向探讨该问题,展示了图灵对不可计算数字的研究如何在计算内部开辟了一片新天地。简而言之,这项研究揭示,人类越是想借助计算媒介编写和延展控制,越是显然无法完成控制,而实现控制的操作也会产生对立面,即不可知所统率的领域。

那么,问题在于如何利用这种潜力改变现实世界。在我看来,这正是促使马克·汉森(2015)研究怀特海德哲学与 21 世纪媒介之间关系的动力。他采用怀特海德的观点,认为世界处在持续流变中;他也改良了怀特海德的观点,正是为了在这种流变和"超体(superjects)"——凝结在流变之外的稳定实体——之间建立联系。他认为,在人类开始的地方,过程动态不会停止,而是继续渗透其中,开辟抵抗和干预的全新可能性。

我的贡献主要集中在认知、阐释和选择的重要性上,以及随之形成的认知系综,其中人类和技术主体在不同层级和位置上交流互动。这些系综的复杂性,比如我们之前探讨的金融资本案例,让维纳意义上的控制不再可能实现。认知过于分散,发挥能动性的行动者越来越多，而互动也更加具有递归性和复杂性，打消了任何想要实现控制的简单念头。与控制不同，*有效的干预模式寻找拐点（inflection points），并在拐点处有改变系统动态，从而从不同的方向改造认知系综*。① 对于布拉德·胜山来说，拐点是改变算法交易的执行速度。对于批量拍卖提议的发起者来说，拐点是设计出使资本竞争关注价格而非速度的技术。对于 ATSAC 来说，拐点让城市交通基础设施成为人类干预和智能算法合作的场所。在罗斯·布雷多提寻找一种肯定的后人类主义的过程中，拐点在于寻找流变和稳定之间的平衡点，以及人类身份和渗透或动摇它的力量之间的平衡点。对科尔森·怀特海德来说，拐点用灾难性电梯故障的故事告诉我们，未来不可能由充满制度性种族主义、仇恨和怀疑的过去来全盘决定。

帕瑞希、法兹、汉森、胜山、布雷多提和怀特海德（还有很多其他人，在此不赘述）的课题虽然不同，但若思考他们之间的共同点并加以概括总结，便可为真实世界系统中实现改变的干预类型和范围提供帮助。首先，这些思想家、活动家和作家花费了大量时间和概念资源来详细了解某一系统，无论是计算体制、高频交易算法、过程哲学、制度性种族主义，还是后人类研究。只有对涉及的系统进行深入调查和全面探究，才能确定拐点之所在。其次，一旦确定拐点，下一个问题便是如何引入变革，转变系统动态。第三，也许是最重要的一点，那就是这些理论家、活动家和作家立足此前有关公平、正义、可持续性和环境伦理的畅想，决定他们干预后希望系统实现的轨迹类型。这些通常是系

---

① 在数学中，一条曲线上的拐点意味着曲线的弯曲方向在此发生变化，从凹到凸或相反。在这里我将它用作隐喻，暗示微小差别可能带来大规模系统性影响的关键点，从而极大地改变系统在时间展开中的前进方式。

统本身所不具有的，它们来自前人对实现道德责任和积极未来的承诺。

正因为此，我才一直坚持人文学科在思考认知系综中占据必不可少的地位。阐释、意义和价值观，虽然它们不是人文学科的专属范畴，但一直是人文学科展开探索的有力阵地，包括艺术、文学、哲学、宗教研究和定性历史学等。我们不能在系统已经成型和投入使用之后，才马后炮一样在外侧披上一层伦理的外衣。这是一种不幸的趋势，比如商业实践"伦理"课程往往关注如何满足法律要求，以免成为诉讼对象。恰恰相反，有效的伦理干预必须内在于系统本身的运行。

对于认知系综而言，这意味着深入了解人类和技术认知如何在特定场所相互渗透，以及如何运用这样的分析方式来识别拐点。拐点不是预先存在的客观现实，而是在互动/内行动中生成的，伴随先在的承诺创造全新系综方向，为人类、非人类生命形式和技术认知体提供更加开放、公平和可持续的未来——也就是，为了行星认知生态。

为了实现这些乌托邦设想，人文学者必须认识到，他们也是认知系综演化中的利益相关者，这意味着对于学习更多有关计算媒介——认知技术系统核心——的知识，他们需要抱持开放的态度。现在，数字人文领域成为讨论和辩论这些问题的热土，有时不乏愤怒激昂的碰撞。接下来的一节将介绍我在这些辩论中的立场，以期推动传统人文和数字人文之间更具有建设性的对话。

扩展人文思维

在芝加哥大学担任《批评探索》客座教授期间，我受邀为研究者协会做一次主题演讲。开场，我提及此前（与艾伦·里德尔合作）的一个数字案例研究，该研究关涉马克·丹尼利斯基（Mark Danielewski）精密模式化的小说《只有革命》（*Only Revolutions*）中的限制（Hayles，2012）。讨论这项课题时，一位参与者提出反对意见，认为我们所采用的计算机算法只能处理"愚蠢"的问题，而非有趣的阐释性问题。我回应道，"愚蠢"的答案会带来有趣的阐释可能性，因为缺少的特定词语强烈暗示作者施加的限制，继而引向的问题关乎这些限制所蕴含的深意。但对方坚持认为，模棱两可才是文学阐释的本质，我们所做的"远距离阅读（distant reading）"是化约性的，因此不是真正的人文主义。鉴于她对自己的立场显然言之有物且充满热忱，在之后与她的对话中，我试图提出观点解读她反对的本质。她这样总结："这完全取决于你想要哪种人文学科。"

她的热忱让我意识到，很多学者选择迈入人文领域的主要原因是，他们不喜欢科学强调寻找良好定义问题的固定答案。诚然，他们倾向于相信有趣的问题没有标准答案，而是提供探索问题的无尽可能。他们担心，一旦设立标准答案，解释将会停滞，之后的研究路径也会日趋狭窄。姑且不谈这种关于科学研究的观念是否准确和公正，我认为它抓住了我的对话者所谓她"想要的那种人文学科"的精髓。如果计算机算法能够给出标准答案（比如某个单词是否出现在文本中，如果出现则频率为多少），那么对她和类似观点的学者来说，人文学科为定性研究建立的开放空间，将会无法抵挡定量结果而变得岌岌可危，这样一来研究将会被量化手段占据统治地位。

伴随这种态度的还有对人文学科正当使命的疑问，尤其是与自然科学相比，人文学科采用的策略更为独特，因此指明了它们对当代智识生活的贡献。在很长一段时间内，相比于更强大、文化上更核心的领域，人文学科的学者感到威胁与被轻视，如今数字人文的出现更加剧了这些长期存在的担忧。

在我看来，数字人文不应被视为威胁，而是传统人文学科的重要盟友，能够帮助后者扩展自身的影响力和人文探究对象的范畴，而不必牺牲其独特性。此外，我认为承认人类和技术系统中的非意识认知，是使人文学科重返当代知识探索中心的关键。为了说明这一点，我将讨论描述和阐释之间的互动，说明它们在构建计算机算法中的作用，指认以非意识认知为艺术课题的文化产物，并推想人类与技术认知通过认知系综进行互动的未来。在前几章中，我已展示非意识认知在人类和技术系综中所处的核心地位。在这最后一章，我将把论点引入我自己的学科立场和学术责任中。

阐释与描述

在人文学科中，人们通常认为阐释具有比描述更高的价值，这种纲领暗含人们对计算方法的态度。没人会怀疑词频算法统计单词的准确性，但很多人认为这并不算是一种认知活动。相比之下，阐释通常被视为一种人类特权，因此受到高度重视。在这种前提下，如果宣称认知非意识能够阐释，这将意味着什么？

我的答案是，这将对人文学科策略带来深远的影响。阐释与意义的问题深切相关；实际上，许多词典用意义来定义阐释（也用阐释来定义意义）。因而研究意义是人文学科的核心任务。自然科学总是询问"是什么"，常常提出"怎么做"，却很少发问它们为何如此，遑论它们意味着什么。相比之下的人文学科，包括艺术史、宗教研究、哲学、历史和文学研究等，都将对意义的探索视为核心。以史学为例，如果不试图解决事件如何发展推进，探索事件发生的意味，那么研读历史是为何故？当然，人文学科也没有天真到以为意义可以轻易地被寻回，甚或认为意义只不过是人类的幻想。从《俄狄浦斯王》《哈姆雷特》到《等待戈多》及其他，文字艺术的遭遇已然告诉我们，人类生活的超越性意义也许并不存在。然而，即便以否定的态度回应这一追求，意义建构也依旧是其中的核心问题。

20世纪以前，意义和阐释主要关注意识和有意识的思考。随着弗洛伊德精神分析的出现，无意识被明确为意义创造和阐释的另一参与者，于是早期和当代文学作品接受了精神分析式的重读。这些作品能够以这种方式阐释，暗示了直觉中的无意识一直是人类思想的重要组成部分。在这一重要意义上，弗洛伊德并没有发明无意识，而是发现了它，一部分引证于文学呈现中强有力的描写。现在，人文学科正在直面其他主要参与者：人类和技术非意识认知。为了将它们有效纳入讨论，人文学科必须拓宽其意义和阐释的概念范围，涵盖的功能包括模式识别、模式推理、非意识学习和在发生相关变动的复杂变量之间建立联系。

并非偶然的是，这些功能常常用于描述计算机算法完成的工作。人文学科内常见的观点是，这些活动远远不及人类意识所能：约翰·吉洛里（John Guillory）可以代表很多人的观点，他认为现在文学阐释与计算机算法能够完成的任务之间存在"不可估量"的巨大鸿沟（Guillory，2008，7）。这一看法表明，为何人文学科极为紧要的任务是意识到非意识认知如何在人类大脑和计算媒介中运作。

　　仅此一点理由就令人难以否认,为何人文学科需要重新思考意义和阐释在非意识过程中发挥的作用。这种重新导向,在范围、量级和深度上,均可以等同明确认识无意识所带来的巨大冲击。而且,人文学科从未受到计算媒介这样猛烈的冲击,尤其在数字人文领域。人们一旦认识到认知能以非意识和有意识的两种模式运作,将会有大量社会、文化和技术问题被认为适合人文学科的考察。正如之前章节的论述,这些问题的范围从人类认知与技术系统非意识认知之间的互动,到借助认知系综从互动中衍生出社会、文化和经济结构。

　　当然,一些人文学者可能仍然选择忽略这些问题和它们开启的可能性。一些人也许会满足于传统观点,仅在人类意识和无意识的范围内定位意义和阐释。他们的观点并没有错,只是不够完整。在我看来,为了填补视野上的空白,这些学者应当承认非意识认知在人类神经活动中发挥作用,并且意识到它所具有的能力。由此生发出一条研究路径,即从古往今来的文本中挖掘非意识认知。第四章和第七章示范了一些阅读策略,如何阐释非意识认知的表征,如何探索意识的成本,但仍然存在更多的研究可能,从对读者非意识过程指标的测量(Riese,et al. 2014),到调查情动反应与更广大认知系综之间的相互作用。

　　反对数字人文的人,通常指控算法只能描述,在这样定性的普遍价值纲要之下,自然而然地将它们降低一个层级,归入不"正宗"或"重要"的人文学科。由此,建立在描述和阐释之间的清晰二元对立,可以从多种方面提出反对观点。例如,自然科学研究早已认识到,描述永远充斥着理论,因为每种描述背后都假定一种阐释框架,它决定哪些细节受到关注,细节如何被安排和叙述,以及运用何种阐释方式来解释。莎朗·马库斯(Sharon Marcus)面对质疑她和合著者斯蒂芬·贝斯特(Stephen Best)所提倡的"表层阅读(surface reading)",从正面回应了阐释和描述之间纠缠不清的关系。马库斯没有争论描述并非充斥着理论,而是调转矛头,指出阐释需要描述,至少描述性细节可以支撑、扩展并帮助定位阐释。尽管她并未得出如下结论,但她的论证过程暗示描述和阐释在递归中互相嵌套,描述导向阐释,阐释强调部分细节。如此看来,阐释和描述是相互支持和交织的过程,并不是彼此的竞争对手。

了解这一点有助于澄清数字人文与传统理解模式之间的关系,后者包括细读和症候式阐释。许多印刷纸媒学者将算法分析视作劲敌,认为它挑战了传统文学分析的方式,他们认为数字人文算法不过是美化后的计算机器。但这种观点误解了算法的运作方式。从广义上讲,算法分析既可以是证实性的,也可以是探索性的。证实性算法的课题常常被误解为对已知内容的重复,例如给戏剧文学分门别类(此种分析参见 Moretti 提供的绝佳案例,2013)。然而,这种课题的关键不是在于决定某一戏剧文学作品属于哪一文类,而是明确区分各类戏剧结构的特征因素。研究过程中常常发现新的相关关系,挑战了传统的文类分类标准,继而刺激进一步探索从属这些相关关系的解释。而探索性的算法分析则寻求识别此前未被人类阅读察觉的模式,被忽视的原因可能是文学著作浩如烟海,无法整体把握,或者长期以来秉持的预设太过狭隘,限制了思考的范围。

正如阐释和描述在人类读者眼中相互交织(如马库斯所论述),阐释在多种方面也参与了算法分析。首先,设计者必须做出一些初步假设,以便适当地编写算法。在汤姆·米歇尔的永恒语言学习(NELL)

项目中,研究团队首先构建本体论,将单词归入各个语法类别(Mitchell n. d.)。蒂莫西·勒努瓦(Timothy Lenoir)和艾瑞克·姬莲娜(Eric Gianella)的算法则通过分析专利申请来检测新技术平台的出现(Lenoir and Gianella,2011),他们排斥构建本体论,更倾向于确定哪些专利申请引用了相同的参考文献。这里的假设是,共同引用会形成一片类似研究工作的网络,继而引导算法识别新兴平台。无论是什么样的课题,算法都反映出某种初始的阐释性假设,表明哪些类型的数据可能揭示出有趣的模式。反之,如斯坦利·费希(Stanley Fish)所说,世上没有能满足一切要求的"通用"算法(Fish 2012)。

其次,在算法分析收集数据时,阐释发挥了巨大的作用。举例而言,马修·乔克斯(Matthew Jockers)发现,定冠词在哥特文本的标题中占据了很大比例(讨论见 McLemee,2013),他的阐释表明这是由于标题中地名的大量出现(比如《奥特朗托城堡》[*The Castle of Otranto*])。这些阐释性结论常常为下一阶段算法的选择提供依据,而下一阶段的算法结果又会被加以阐释,如此递归循环往复。

因此,算法分析的使用遵循类似于人类描述/阐释的模式,其优点在于非意识认知的运作不受内在于意识的偏见之影响,而意识的预设观点可能根据研究者自己的倾向,导致忽略或轻视一些证据,偏向更符合自己看法的证据。为了利用这一差别的优势,建立算法分析的艺术之一在于压缩初始假设的数量,或至少让它们尽可能独立于可能出现的结果类型。故数字人文与传统人文学科之间的重要差异并不在描述和阐释的对垒,而在于人类阅读的能力与成本和技术认知的优势与局限。因此,如果结合递归循环、人类有意识分析、人类非意识认知和技术认知,我们洞察的范围和意义就会得到扩展,取得超越上述各项单独完成的效果。

认知非意识在意识剧场中的登场

如果我的假设正确，即非意识认知和它们在其中发挥作用的认知系综的重要性日渐增长，那么我们应当能从当代文学和其他创造性作品中发现它们的影响。当然，由于这些作品从人类的有意识/无意识知觉模式中诞生，其中所反映的不是认知非意识本身，而是它在意识剧场中的再登场。这种再登场表现明显的场所之一，是当代概念诗学。我们可能会想起肯尼斯·戈德史密斯（Kenneth Goldsmith）的"非创意写作（uncreative writing）"。在诗集《白日》（*Day*）中，戈德史密斯一字一句照搬下《纽约时报》一整天（2000 年 9 月 1 日）的内容；在《坐立不安》（*Fidget*）中，他记录了自己全天的身体运动；在《独白》（*Soliloquy*）中，记录了一周内说过的每一句话（但不包括别人对他说的话）；在《交通》（*Traffic*）中，他收听某个节假日的纽约电台广播，每十分钟记录一次交通报告。他的作品和随附的宣言引发了关于作品价值的激烈辩论。比如，谁会想读《白日》呢？显然连戈德史密斯自己都不想读，他宣称自己只是机械地敲击键盘，甚至很少抬头看一眼正在誊抄的页面。他常常说自己是机械主义者（Goldsmith, 2008），并且是"有史以来最无聊的作家"（转引自 Perlo, 2012, 149）。他列出一系列偏好方法论和数据库技术的类似性毋庸置疑，包括他提到"信息管理、文字处理、数据库和极端过程……强迫症般地存档和编目，媒体和广告中的低俗语言；语言更关注数量而不是质量"（Goldsmith, 2008）。当然，正如玛乔瑞·帕洛夫（Marjorie Perloff）所说，我们可以坚称戈德史密斯所做的不仅仅是复制(Perloff, 2012)。但他的设计,似乎仍然使他投入执行类似于斯坦利·费希的概念,即以人为方式实现算法处理——死记硬背的计算、神游打字和机械重复。

换句话说,戈德史密斯似乎决心要用非意识认知取代意识,同时又狡猾地加入了有意识的设计,读者只有多费一些心思才能发现。他将成果称为"诗歌"则更具有挑衅意味,这种最讲究语言精雕细琢、最注重纯粹情感流溢的文体,仿佛突然之间将神经等级体系彻底颠倒。当然,讽刺之处在于,随着认知非意识扩展到技术系统,它本身正在变得更加多样、复杂并提升认知强度。从根本上说,这里登台上演的哑剧表演模仿的并非认知非意识,而是一种戏仿版本,它同时扮演了双重骗局,将神经图谱的两端混淆在一起:意识表现得像非意识,而非意识的表现则遵循意识选择的标准。帕洛夫引用约翰·凯奇指出:"如果你做一件事,2 分钟后感到无聊,那就试试做 4 分钟。如果还是无聊,就试试 8 分钟、16 分钟、32 分钟,以此类推。最终你会发现它根本不无聊,还非常有趣。"(157)意识戴上(扭曲的)认知非意识的面具,狡黠地窥探外界的反应——这很有趣!

认知非意识在当代创作中显露的另一实例,是凯特·马歇尔(Kate Marshall)关于当代小说的课题,她称之为"外星人小说(Novels by Aliens)"。马歇尔关注"非人类作为一种形象、技巧和欲望",她表明一系列当代小说的叙事角度展现出弗雷德里克·詹明信(Fredric Jameson)所说的"为了追寻全新社会动态而不断被发明更新的各种现实主义"(Jameson, 2010, 362)。例如,在科尔森·怀特海德的小说《第一区》(Zone One)中,"安静风暴"的高速公路清理项目占据了高远的视角,比起任何人类观察者的观看角度,这一视角更适用于高空飞行无人机(Marshall,2014)。马歇尔认为,绰号马克·斯皮茨的主角与"安静风暴"合作,其中一部分原因在于他"渴望成为视角本身"。尽管马歇尔将这些非人类视角的文学效果与思辨实在论等哲学思潮联系起来,但非人视角的思辨实在论和文学实验都可能受到认知非意识广泛存在于发达国家人造环境的催化。这样看来,当代的非人类转向,实则基于认知能动者不需要具有生命或者意识这一认识。

人文学科的两条路径

今天,人文学科已然来到十字路口。一条路径延续了阐释的传统理解,与文化人造物中呈现的有关人类及其与世界关系的假设密切相关。诚然,我们可以说人文领域的大部分阐释活动,都关乎人类*自我*和世界之间的关系。这种建构假定人类拥有自我,自我是思想的必要前提,并且自我起源于意识/无意识。另一条路径则偏离了这些假设,将认知的概念扩大到非意识活动。在这条理性探索路径中,认知非意识也能够进行复杂的阐释行为,并与有意识阐释共同创造丰富的可能性图谱。

这两种路径各有哪些优点和局限呢?传统路径假设,阐释需要意识和自我的存在,因此主要局限甚至仅限于人类具备(可能偶尔延伸到某些动物)。这条路径强化了人类的独特性,认定人类是地球上几乎所有认知的来源,因此人类视角在决定世界的意义时最为重要。另一条路径则指出,认知超越人类思想的范围,其他生命形式和技术设备无时无刻不在认知和阐释。此外,这条路径还暗示,这些阐释活动与人类的有意识/无意识阐释之间存在互动并对后者产生显著影响。

对意义的探索因而成为人类、动物和技术设备的普遍活动，不同种类的能动者共同发挥作用，在协作、强化、竞争和冲突中产生丰富的阐释生态。

传统路径的代价之一是导致人文学科与理工学科的分离。如果阐释是专属于人类的活动，而人文学科的主要任务是阐释，那么将导致人文领域很难获得资源来理解人类在认知技术环境和与其他物种的关系中复杂的嵌入性。相反，如果我们认为阐释在自然和人造环境中普遍存在，那么人文学科可以为建筑学、电气和机械工程、计算机科学和工业设计等许多领域做出重要贡献。这样一来，人文学科可以为不同种类的阐释方法和它们之间的生态关系开拓出详尽的分析方法，这些方法也能为其他领域带来丰厚的回报，创造更多令人兴奋的合作课题。

在我看来，更好的选择是沿着非传统的路径前行，这将要求一场概念框架的大换血，甚至也许会带来所谓的认识论断裂。正如前文所述，我们首先要打破思考与认知之间的对等关系；另一关键行动是重新概念化阐释，使它适用于信息流及人类自我与世界的关系问题。随着视角的转换，许多对于数字人文寻求的介入方式的误解将会逐渐消失。我想强调的是，这里涉及的问题已经超出了数字人文范畴本身。尽管数字人文十分重要，但只关注它会扭曲真正关键的问题（这也是我等到最后一章才介绍该主题的一个原因）。我认为，与其说重点在于与阐释形成竞争的方法——这种构想假设"阐释"和"意义"是能够充分作为人类独有活动而讨论的稳定范畴——不如说认知的范围和本质才更重要，因为它不但在人类和技术系统中运作，也在规模更宏大的认知系综中发挥作用，从而不断改变地球的人造和自然环境。

作为本章（和本书）的结论，我想提出两个重要的启示。首先，非意识认知并非从本质上迥异于人类思考方式，实际上它对人类认知至关重要，第二章中已对探索意识与非意识认知之间关系的研究进行了总结。那些认为计算机和人脑之间存在"不可估量"差距的人文学者们，需要调整他们观点的措辞，考虑到低阶非意识认知活动总是早已参与人脑的高阶思维。在数字人文及其他阵地中，外部的非意识认知体逐渐被纳入扩展的人类认知系统，正如历史上人类物种本就很擅长利用各种外部对象作为认知的支持和扩展（Clark，2008；Hutchins，1996）。这些外部认知体也会执行发生在人类大脑中的任务，包括识别模式，从复杂数据组中得出推论，学习在多个变量中识别协变作用，以及针对矛盾或模糊的信息做出决策。

如此看来，计算机这个创造物并不像流行文化和科普书籍所描绘的那样，与人类迥然不同。比如，神经学家大卫·依格曼（David Eagleman）的《匿名模式》（*Incognito*，2012），是一部关于非意识认知研究的科普介绍，其中不断将人类大脑中专门化的自动处理器称为"外星"和"僵尸"系统。毫无疑问，这种修辞使他的论证看起来更加生动有趣，但他也在意识和非意识认知之间完全人为地制造了一种分裂，好像人脑中居住着一些微型计算机，根本上被排除于自我之外，是个全然的异类。但实际上，大脑是一个惊人的集成系统，每个部分都能够与其他部分交流和融合（依格曼在另一语境下承认这一点［166］），其中的非意识认知需要高阶增强信号的支持，这不亚于意识对于非意识认知高速反应信息处理的依赖和融合。

这引出了我想强调的第二个观点。我们现在所处的时代，技术非意识系统之间的复杂性、社会性和关联性都在提升。就像人类认知通过社会化实现飞跃一样，技术系统中的非意识认知也不是孤立地运作，而是与其他技术系统保持递归的内在联系。例如，在"物联网"中，如本书第五章讨论过的 VIV 这样的非意识系统，可以访问网络上的开源信息，利用它们建立联系，借助它们从单个站点得到的推断，通过交叉连接跳跃到进一步的推断，如此推进。生物有机体进化出意识，从而实现从个体体验到高阶抽象的量子级飞跃；核心和高阶意识最终反过来使人类得以建立复杂的通信网络和信息结构，比如互联网。从宏大的历史视角来看，自动化认知体是人类意识进化的结果之一。

然而，技术认知体的进化路径很可能与智人截然不同。它们的轨迹可能不会途径意识，而借助与其他非意识认知体之间更密集而普遍的联系。从某种意义上说，它们不需要意识来运行，因为它们早已与人类意识一同存在于递归循环中。就如同我们将它们视为我们认知系统的扩展部分（Clark，2008），在道金斯式的幻想中，我们可以假设如果技术系统拥有自我（虽然它们没有），它们也会将人类视为自己认知系统的延伸。无论如何，现在显而易见的是，人类和技术系统正处在复杂的共生关系中，其中每个共生体都为这种关系带来了特有的优势和局限。随着共生关系越来越深化，任何一个共生体也将越来越难以脱离其他部分独立存在。

我们人文学科应该如何分析和理解这种共生关系呢？最重要的第一步是认识到人类大脑具有强大的非意识认知能力。这样人文学科才能以全新眼光看待认知，不再将它视为人类独有，或是一种与理性或高阶意识几乎等同的属性，而将它视为许多非人类生命形式和越来越多智能设备所拥有的能力。那么，接下来的问题不再是机器能否思考——图灵早在半个多世纪前就这样发问——而是在认知系综中人类复杂的适应系统与智能技术日益相互依赖和相互交织的情况下，地球认知体之间和之中的非意识认知网络如何改变生命的条件。如果发达社会中的当代文化正在经历一场深度改变行星认知生态的系统性转变，那么如我所论证，人文学科应当，也必须参与到分析、阐释和理解这些问题的核心工作中去。对于这项使命来说，一荣俱荣，一损俱损——对于世界亦然。回到一切讨论开端的那句引述：这完全取决于你想要什么样的世界。

参考文献

Appadurai, Arjun. 2016. *Banking on Words : The Failure of Language in the Age of Derivative Finance*. Chicago: University of Chicago Press.

Arkin, Ronald C. 2009. *Governing Lethal Behavior in Autonomous Robots*. Boca Raton, FL: CRC Press.

—— . 2010. "The Case for Ethical Autonomy in Unmanned Systems." *Journal of Military Ethics* 9 (4): 332–41.

AR Lab. 2013. "MeMachine: Bio-Technology, Privacy and Transparency." August 13. http://www.arlab.nl/project/memachine-bio-technology-priv acy-and-transparency.

Arnuk, Sal, and Joseph Saluzzi. 2012. *Broken Markets : How High Frequency Trading and Predatory Practices on Wall Street Are Destroying Investor Confidence and Your Portfolio*. Upper Saddle River, NJ: FT Press.

Ash, James. 2016. *The Interface Envelope : Gaming, Technology, Power*. London: Bloomsbury Academic.

ATSAC. n. d.: Automated Traffic Surveillance and Control. http://trafficinfo.lacity.org/about-atsac.php. Accessed July 7, 2015.

Auletta, Gennaro. 2011. *Cognitive Biology : Dealing with Information from Bacteria to Minds*. London: Oxford University Press.

Ayache, Elie. 2010. *The Blank Swan: The End of Probability*. Hoboken, NJ: John Wiley.

Baker, R. Scott. 2009. *Neuropath*. New York: Tor Books.

Barad, Karen. 2007. *Meeting the Universe Halfway: Quantum Physics and the Entanglement of Matter and Meaning*. Durham, NC: Duke University Press.

Barsalou, Lawrence W. 2008. "Grounded Cognition." *Annual Review of Psychology* 59: 617 – 45.

Baucom, Ian. 2005. *Specters of the Atlantic: Finance Capital, Slavery, and the Philosophy of History*. Durham, NC: Duke University Press.

Baudrillard, Jean. 1995. *Simulacra and Simulation*. Ann Arbor: University of Michigan Press.

Beer, Gillian. 1983. *Darwin's Plots: Evolutionary Narrative in Darwin, George Eliot, and Nineteenth-Century Fiction*. Cambridge: Cambridge University Press.

Benjamin, Medea. 2013. *Drone Warfare: Killing by Remote Control*. London: Verso.

Bennett, Jane. 2010. *Vibrant Matter: A Political Ecology of Things*. Durham, NC: Duke University Press.

Bentham, Jeremy. [1780] 1823. *An Introduction to the Principles of Morals and Legislation*. http://www.earlymoderntexts.com/assets/pdfs/bentham 1780. pdf.

Berger, Peter L., and Jennifer Rowland. 2015. "Decade of the Drone: Analyzing CIA Drone Attacks, Casualties, and Policy." In *Drone Wars: Transforming Conflict, Law, and Policy*, edited by Peter L. Berger and Daniel Rothenberg, 11 – 41. Cambridge: Cambridge University Press.

Berlant, Lauren. 2008. "Intuitionists: History and the Affective Event." *American Literary History* 20 (4): 845 – 60.

Berry, David M. 2011. *The Philosophy of Software: Code and Mediation in the Digital Age* (Kindle Locations 2531 – 32). London: Palgrave. Kindle edition.

————. 2015. *Critical Theory and the Digital*. London: Bloomsbury Academic.

Bickle, John. 2003. "Empirical Evidence for a Narrative Concept of Self." In *Narrative and Consciousness: Literature, Psychology, and the Brain*, edited by Gary D. Fireman, Ted E. McVay, and Owen J. Flanagan, 195–208. Oxford: Oxford University Press.

Black, Fisher, and Myron Scholes. 1973. "The Pricing of Options and Corporate Liabilities." *Journal of Political Economy* 81 (3): 637–54.

Bogost, Ian. 2012. *Alien Phenomenology, or What It's Like to Be a Thing*. Minneapolis: University of Minnesota Press.

Borges, Jorge Luis. 1994. "Pierre Menard, Author of the Quixote." In *Ficciones*, 45–56. Translated by Anthony Kerrigan. New York: Grove Press.

Braidotti, Rosi. 2006. "The Ethics of Becoming Imperceptible." In *Deleuze and Philosophy*, edited by Constantin V. Boundas, 133–59. Edinburgh: Edinburgh University Press.

————. 2013. *The Posthuman*. Malden, MA: Polity Press.

Brenner, Eric D., Rainer Stahlberg, Stefano Mancuso, JorgeVivanco, František Baluška, and Elizabeth Van Volkenburgh. 2006. "Plant Neurobiology: An Integrated View of Plant Signaling." *Trends in Plant Science* 11 (8): 413–19.

Brenner, Robert. 2006. *The Economies of Global Turbulence: The Advanced Capitalist Economies from Long Boom to Long Turndown*, 1945–2005. Brooklyn, NY: Verso Books.

Bryan, Dick, and Michael Rafferty. 2006. *Capitalism with Derivatives: A Political Economy of Financial Derivatives, Capital and Class*. London: Palgrave Macmillan.

Buchanan, Mark. 2011. "Flash-Crash Story Looks More Like a Fairy Tale." *BloombergView*, May 7. http://www.bloomberg.com/news/2012-05-07/.

Budish, Eric, Peter Cramton, and John Shim. 2015. "The High-Frequency Trading Arms Race: Frequent Batch Auctions as a Market Design

Hypothesis." *Quarterly Journal of Economics* 130 (4): 1547 – 1621. http://faculty.chicagobooth.edu/eric.budish/research/HFT-FrequentBatch Auctions.pdf. Accessed April 7, 2015.

Buffet, Warren. 2002. "Warren Buffet on Derivatives." (Edited excerpts from the Berkshire Hathaway annual report for 2002.) Montgomery Investment Technology, Inc. http://www.fintools.com/docs/Warren%20Buffet%20on%20Derivatives.pdf.

Burn, Stephen J. 2015. "Neuroscience and Modern Fiction."*Special issue of Modern Fiction Studies* 61 (2): 209 – 25.

Burroughs, William. 1959. *Naked Lunch*. Paris: Olympia Press.

Callon, Michel. 1998. *Laws of the Market*. Hoboken, NJ: Wiley-Blackwell.

Calude, C. S., and Gregory Chaitin. 1999. "Mathematics: Randomness Everywhere," *Nature* 400 (July 22): 319 – 20.

Chaitin, Gregory J. 1999. *The Undecidable*. Heidelberg: Springer.

———. 2001. *Exploring Randomness*. Heidelberg: Springer.

———. 2006. *MetaMath! The Quest for Omega*. New York: Vintage.

Chamayou, Grégoire. 2015. *A Theory of the Drone*. Translated by Janet Lloyd. New York: New Press.

Chamovitz, Daniel. 2013. *What a Plant Knows*. New York: Scientific American/Farrar Straus Giroux.

Choudhury, Tanzeem, and Alex Pentland. 2004. "The *Sociometer*: A Wearable Device for Understanding Human Networks." MIT Media Lab. http://alumni.media.mit.edu/~tanzeem/TR-554.pdf.

Clark, Andy. 1989. *Microcognition: Philosophy, Cognitive Science, and Parallel Distributed Processing*. 2nd ed. Cambridge, MA: MIT Press.

———. 2008. *Supersizing the Mind: Embodiment, Action, and Cognitive Extension*. London: Oxford University Press.

Coeckelbergh, Mark. 2011. "Is Ethics of Robotics about Robots? Philosophy of Robotics beyond Realism and Individualism." *Law, Innovation and Technology* 3 (2): 241 – 50.

Corballis, Michael C. 2015. *The Wandering Mind: What the Brain Does When You're Not Looking*. Chicago: University of Chicago Press.

Damasio, Antonio. 2000. *The Feeling of What Happens: Body and Emotion in the Making of Consciousness*. New York: Mariner Books.

———. 2005. *Descartes' Error: Emotion, Reason, and the Human Brain*. New York: Penguin. Originally published 1995.

———. 2012. *Self Comes to Mind: Constructing the Conscious Brain*. New York: Vintage Books.

Dehaene, Stanislas. 2009. "Conscious and Nonconscious Processes: Distinct Forms of Evidence Accumulation." *Séminaire Poincaré* 12: 89 – 114. http://www. bourbaphy. fr/dehaene. pdf.

———. 2014. *Consciousness and the Brain: Deciphering How the Brain Codes Our Thoughts*. New York: Penguin.

Dehaene, Stanislas, Claire Sergent, and Jean-Pierre Changeux. 2003. "A Neuronal Network Model Linking Subjective Reports and Objective Physiological Data during Conscious Perception." *Proceedings of the National Academy of Sciences USA* 100: 8520 – 25.

Deleuze, Gilles, and FélixGuattari. 1987. *A Thousand Plateaus: Capitalism and Schizophrenia*. Translated by Brian Massumi. Minneapolis: University of Minnesota Press.

Dennett, Daniel C. 1992. *Consciousness Explained*. New York: Back Bay Books.

Dresp-Langley, Birgitta. 2012. "Why the Brain Knows More Than We Do: Non-Conscious Representations and Their Role in the Construction of Conscious Experience." *Brain Science* 2 (1): 1 – 21.

Dreyfus, Hubert. 1972. *What Computers Can't Do*. Cambridge, MA: MIT Press.

———. 1992. *What Computers Still Can't Do*. Cambridge, MA: MIT Press.

———. 2013. "The Myth of the Pervasiveness of the Mental." In *Mind, Reason, and Being-in-the-World: The McDowell-Dreyfus Debate*, edited by Joseph K. Schear, 15 – 40. London: Routledge.

Dupuy, Jean-Pierre. 2009. *On the Origins of Cognitive Science: The Mechanization of Mind*. Cambridge, MA: MIT Press.

Eagleman, David. 2012. *Incognito: The Secret Lives of the Brain*. New York: Random House.

Edelman, Gerald M. 1987. *Neural Darwinism: The Theory of Neuronal Group Selection*. New York: Basic Books.

Edelman, Gerald M., and Giulio Tononi. 2000. *A Universe of Consciousness: How Matter Becomes Imagination*. New York: Basic Books.

Ekman, Ulrik. 2015. "Design as Topology: U-City." In *Media Art and the Urban Environment: Engendering Public Engagement with Urban Ecology*, edited by Francis T. Marchese, 177–203. New York: Springer.

Encyclopedia Britannica. n. d. "Cognition." www.brittannica.com/topic/cognition-thought-process.

Epstein, R. S. 2014. "Mobile Medical Applications: Old Wine in New Bottles?" *Clinical Pharmacology and Therapeutics* 95 (5): 476–78.

Ernst, Wolfgang. 2012. *Memory and the Digital Archive*. Minneapolis: University of Minnesota Press.

Fazi, M. Beatrice. 2015. "The Aesthetics of Contingent Computation: Abstraction, Experience, and Indeterminacy." PhD diss., Goldsmiths University of London.

Fish, Stanley. 2012. "Mind Your P's and B's: The Digital Humanities and Interpretation." Opinionator (blog). *New York Times*, January 23. http://opinionator.blogs.nytimes.com/2012/01/23/mind-your-ps-and-bs-the-digital-humanities-and-interpretation/?r=0.

Fisher, Mark. 2009. *Capitalist Realism*. New York: Zero Books.

Flanagan, Owen. 1993. *Consciousness Reconsidered*. Cambridge, MA: MIT Press.

Freeman, Walter J., and Rafael Núñez. 1999. "Editors' Introduction." In *Reclaiming Cognition: The Primacy of Action, Intention and Emotion*, edited by Rafael Núñez and Walter J. Freeman, ix–xix. New York: Imprint Academic.

Friedman, Norman. 2010. *Unmanned Combat Air Systems: A New Kind of Carrier Aviation*. Annapolis, MD: Naval Institute Press.

Fuller, Matthew. 2007. *Media Ecologies: Materialist Energies in Art and Technology*. Cambridge, MA: MIT Press.

Galloway, Alexander R., and Eugene Thacker. 2007. *The Exploit: A Theory of Networks*. Minneapolis: University of Minnesota Press.

Gardner, Martin. 1970. "The Fantastic Combinations of John Conway's New Solitaire Game 'Life.'" *Scientific American* 223 (October): 120–23.

Gitelman, Lisa. 2014. *Paper Knowledge: Toward a Media History of Documents*. Durham, NC: Duke University Press.

Gladwell, Malcolm. 2005. *Blink: The Power of Thinking without Thinking*. New York: Little, Brown.

Gleick, James. 2012. *The Information: A History, a Theory, a Flood*. New York: Vintage.

Goldsmith, Kenneth. 2008. "Conceptual Poetics." *Harriet* (a poetry blog). Poetry Foundation. http://www.poetryfoundation.org/harriet/2008/06/conceptual-poetics-kenneth-goldsmith/?woo.

Goodwin, Brian C. 1977. "Cognitive Biology." *Communication and Cognition* 10 (2): 87–91.

Gould, Stephen Jay. 2007. *Punctuated Equilibrium*. Cambridge, MA: Belknap Press.

Grens, Kerry. 2015. "Most Earth-Like Planet Found." *Scientist*, July 27. http://www.the-scientist.com/?articles.view/articleNo/43605/title/Most-Earth-like-Planet-Found/.

Grosz, Elizabeth. 2002. "A Politics of Imperceptibility: A Response to 'Antiracism, Multiculturalism and the Ethics of Identification.'" *Philosophy of Social Criticism* 28:463–72.

——. 2011. *Becoming Undone: Darwinian Reflections on Life, Politics, and Art*. Durham NC: Duke University Press.

Guillory, John. 2008. "How Scholars Read." *ADE Bulletin* 146 (Fall): 8–17.

Haddon, Mark. 2004. *The Curious Incident of the Dog in the Night-Time*. New York: Vintage.

Han, Jian, Chang-hong Wang, and Guo-xing Yi. 2013. "Cooperative Control of UAV Based on Multi-Agent System. " In *Proceedings of the 2013 IEEE 8th Conference on Industrial Electronics and Applications (ICIEA)*: *19 - 21 June 2013*, *Melbourne*, *Australia*. Piscataway, NJ: IEEE. http://ieeexplore.ieee.org/xpl/login.jsp? tp=&arnumber=65663 47&url=http％3A％2F％2Fieeexplore.ieee.org ％2Fxpls ％2Fabs_all. jsp％3Farnumber％3D6566347.

———. 2014. "UAV Robust Strategy Control Based on MAS. "*Abstract and Applied Analysis*, vol. 2014. Article ID 796859.

Hansen, Mark B. N. 2015. *Feed-Forward : On the Future of Twenty-First Century Media*. Chicago: University of Chicago Press.

Harman, Graham. 2011. *The Quadruple Object*. Abington, Oxon: Zero Books.

Hassin, Ran R. , James S. Uleman, and John A. Bargh, eds. 2005. *The New Unconscious*. Oxford: Oxford University Press.

Hayles, N. Katherine. 2010. "Cybernetics. "*Critical Terms for Media Studies*, edited by W. J. T. Mitchell and Mark B. N. Hansen, 145 - 56. Chicago: University of Chicago Press.

———. 2012. *How We Think : Digital Media and Contemporary Technogenesis*. Chicago: University of Chicago Press.

———. 2014a. "Cognition Everywhere: The Rise of the Cognitive Nonconscious and the Costs of Consciousness. " *New Literary History* 45(2): 199 - 220.

———. 2014b. "Speculative Aesthetics and Object Oriented Inquiry (OOI). " *Speculations: A Journal of Speculative Realism* 5 (May). http:// www.speculations-journal.org/? page_id=5.

———. 2016. "The Cognitive Nonconscious: Enlarging the Mind of the Humanities. " *Critical Inquiry* 42 (4): 783 - 808.

Heimfarth, Tales, and João Paulo de Araujo. 2014. "Using Unmanned Aerial Vehicle to Connect Disjoint Segments of Wireless Sensor Network. " *IEEE 28th International Conference on Advanced Information Networking and Applications (AINA)*, 2014: 13 - 16 *May* 2014, *University of Victoria*, *Victoria*, *Canada*; *Proceedings*, edited by

Leonard Barolli, 907 - 14. Piscataway, NJ: IEEE.

Ho, Karen. 2009. *Liquidated: An Ethnography of Wall Street*. Durham, NC: Duke University Press.

Horowitz, Eli, Matthew Derby, and Kevin Moffett. 2014. *The Silent History*. New York: Farrar, Straus and Giroux.

Human Rights Watch. 2012. "Losing Humanity: The Case against Killer Robots." Cambridge, MA: International Human Rights Clinic, Harvard Law School.

Hutchins, Edwin. 1996. *Cognition in the Wild*. Cambridge, MA: MIT Press.

Iliadis, Andrew. 2013. "Informational Ontology: The Meaning of Gilbert Simondon's Concept of Individuation." *Communication +1*, vol. 2, article 5. http://scholarworks. umass. edu/cpo/vol2/iss1/5/.

James, William. 1997. *The Meaning of Truth*. Amherst, NY: Prometheus Books. Originally published 1909.

Jameson, Fredric. 2010. "Realism and Utopia in The Wire." *Criticism* 52 (3 - 4): 359 - 72.

Johnson, Neil, Guannan Zhao, Eric Hunsader, Jing Meng, Amith Ravindar, Spencer Carran, and Brian Tivnan. 2012. "Financial Black Swans Driven by Ultrafast Machine Ecology." *Physics and Society Working Paper*, Cornell University. www. arXiv. 1202. 1448.

Johnson, Neil, Guannan Zhou, Eric Hunsader, Hong Qi, Nicholas Johnson, Jing Meng, and Brian Tivran. 2013. "Abrupt Rise of New Machine Ecology beyond Human Response Time." *Scientific Reports: Nature Publishing Group*, Article 2627: 1 - 11. http:// www. nature. com/ articles/srep02627.

Johnston, John. 2008. "The Intuitionist and Pattern Recognition: A Response to Lauren Berlant." *American Literary History* 20 (4): 861 - 69.

Jonze, Spike. 2012. *Her*. Burbank, CA: Warner Home Video. DVD.

Kandel, Eric R., and James H. Schwartz. 2012. *Principles of Neural Science*. 5th ed. New York: McGraw-Hill Education.

Kelly, James Floyd. 2012. "Book Review and Author Interview: Kill Decision

by Daniel Suarez. " *Wired Magazine* , July 7. http；//archive. wired. com/
geekdad/2012/07/daniel-suarez-kill-decision/.

Kelly, Kevin. 2010. *What Technology Wants*. New York： Penguin.

Kouider, Sid, and Stanislas Dehaene. 2007. "Levels of Processing during
Nonconscious Perception： A Critical Review of Visual Masking. "
Philosophical Transactions of the Royal Society B 362：857 - 75.

Kováč, Ladislav. 2000. "Fundamental Principles of Cognitive Biology. "
Evolution and Cognition 6 （1）： 51 - 69. http： // dai. fmph. uniba. sk/
courses/CSCTR/materials/CSCTR_03sem_Kovac_2000. pdf.

————· 2007. "Information and Knowledge in Biology： Time for Reappraisal. "
Plant Signalling and Behavior 2 （March - April）： 65 - 73.

Koza, John R. 1992. *Genetic Programming： On the Programming of
Computers by Means of Natural Selection*. Cambridge, MA： Bradford
Books, MIT Press.

Krishnan, Armin. 2009. *Killer Robots： Legality and Ethicality of
Autonomous Weapons*. Farnham, UK： Ashgate Publishing Limited.

Lakoff, George, and Mark Johnson. 2003. *Metaphors We Live By*. 2nd ed.
Chicago： University of Chicago Press.

Lange, Ann-Christina. 2015. "Crowding of Adaptive Strategies： High-
Frequency Trading and Swarm Theory. " Presentation at the "Thinking
with Algorithms" Conference, the University of Durham, UK, February
27.

Langton, Christopher, ed. 1995. *Artificial Life*. Cambridge, MA： MIT
Press.

Latour, Bruno. 1992. "Where Are the Missing Masses? Sociology of a Few
Mundane Artifacts. " In *Shaping Technology-Building Society. Studies
in Sociotechnical Change* , edited by Wiebe Bijeker and John Law, 225 -
59. Cambridge, MA： MIT Press.

————· 1999. *Pandora's Hope： Essays on the Reality of Science Studies*.
Cambridge, MA： Harvard University Press.

————· 2002. "Morality and Technology： The End of the Means. "
Translated by Couze Venn. *Theory, Culture and Society* , 19 （5 - 6）：

247 - 60.

———— · 2007. *Reassembling the Social : An Introduction to Actor Network Theory*. London: Oxford University Press.

Latour, Bruno, and SteveWoolgar. 1979. *Laboratory Life : The Construction of Scientific Facts*. Princeton, NJ: Princeton University Press.

Lem, Stanislaw. 2014. *Summa Technologiae*. Translated by Joanna Zylinska. Minneapolis: University of Minnesota Press.

Lenoir, Timothy, and EricGiannella. 2011. "Technology Platforms and Layers of Patent Data." In *Unmaking Intellectual Property : Creative Production in Legal and Cultural Perspectives*, edited by Mario Biagioli, Peter Jaszi, and Martha Woodmansee. Chicago: University of Chicago Press.

Lethem, Jonathan. 2000. *Motherless Brooklyn*. New York: Vintage.

Levinas, Emmanuel. 1998. *Otherwise Than Being : On Beyond Essence*. Pittsburgh: Duquesne University Press.

Levy, Steven. 2014. "Siri's Inventors Are Building a Radical New AI That Does Anything You Ask." *Wired Magazine*, August 12. http://www.wired.com/2014/08/viv/.

Lewicki, Pawel, Thomas Hill, and MariaCzyzewska. 1992. "Nonconscious Acquisition of Information." *American Psychology* 47 (6): 796 - 801.

Lewis, Michael. 2014. *Flash Boys : A Wall Street Revolt*. New York: W. W. Norton.

Libet, Benjamin, and Stephen M. Kosslyn. 2005. *Mind Time : The Temporal Factor in Consciousness*. Cambridge, MA: Harvard University Press.

Ling, Philip. 2010, "Redefining Firmware." *New Electronics*, January 11. http://www.newelectronics.co.uk/electronics-technology/redefining-firmware/21841/.

López-Maury, L. , S. Marguerat, and J. Bähler. 2008. "Tuning Gene Expression to Changing Environments: From Rapid Responses to Evolutionary Adaptation." *Nature Reviews Genetics* 9 (8): 583 - 93.

Lowenstein, Roger. 2001. *When Genius Failed : The Rise and Fall of Long-*

Term Capital Management. New York: Harper Collins.

Lynch, Deidre Shauna. 1998. *The Economy of Character: Novels, Market Culture, and the Business of Inner Meaning*. Chicago: University of Chicago Press.

Lyon, Pamela C. , and Jonathan P. Opie. 2007. "Prolegomena for a Cognitive Biology. " Presented at the Proceedings of the 2007 Meeting of International Society for the History, Philosophy and Social Studies of Biology, University of Exeter. Abstract at https://digital.library.adelaide.edu.au/dspace/handle/2440/46578. Accessed June 10, 2015.

MacKenzie, Donald. 2003. "Long-Term Capital Management and the Sociology of Arbitrage. " *Economy and Society* 32 (2): 349 - 80.

———. 2005. "How aSuperportfolio Emerges: Long-Term Capital Management and the Sociology of Arbitrage. " In *The Sociology of Financial Markets*, edited by Karin Knorr Cetina and Alex Preda, 62 - 83. New York and London: Oxford University Press.

———. 2008. *An Engine, Not a Camera: How Financial Models Shape Markets*. Cambridge, MA: MIT Press.

———. 2011. "How to Make Money in Microseconds. " *London Review of Books* 33 (10): 16 - 18.

Magnani, Lorenzo. 2007. *Morality in a Technological World: Knowledge as Duty*. Cambridge: Cambridge University Press.

Malabou, Catherine. 2008. *What Should We Do with Our Brain?* Translated by Sebastian Rand. Bronx, NY: Fordham University Press.

Marcus, Ben. 2012. *The Flame Alphabet*. New York: Vintage.

Marcus, Sharon. 2013 "Description and Critique. " Paper presented at "Interpretation and Its Rivals" Conference, University of Virginia, September.

Margulis, Lynn, and Dorian Sagan. 1986. *Microcosmos: Four Billion Years of Evolution from Our Microbial Ancestors*. New York: Summit Books.

Marshall, Kate. 2014. "The View from Above. " Paper presented at the 129th Modern Language Association Convention, Chicago, IL, January 9 - 12.

Maturana, Humberto R. , and Francisco J. Varela. 1980. *Autopoiesis and*

Cognition: *The Realization of the Living*. Dordrecht: D. Reidel Publishing.

Mauer, Bill. 2002. "Repressed Futures: Financial Derivatives' Theological Unconscious. " *Economy and Society* 31 (1): 15 - 36.

Maxwell, James Clerk. 1871. *Theory of Heat*. London: Longmans.

McCarthy, Tom. 2007. *Remainder*. New York: Vintage.

McDowell, John. 1996. *Mind and World*. With a new introduction by the author. Cambridge, MA: Harvard University Press.

————. 2013. "The Myth of the Mind as Detached. " In *Mind*, *Reason*, *and Being-in-the-World*: *The McDowell-Dreyfus Debate*, edited by Joseph K. Schear, 41 - 58. London: Routledge.

McEwan, Ian. 1998. *Enduring Love*: *A Novel*. New York: Anchor.

McLemee, Scott. 2013. "Crunching Literature. " Review of *Macroanalysis*: *Digital Methodsand Literary History*, by Matthew L. Jockers. Inside Higher Ed, May 1. https://www. insidehighered. com/views/2013/05/01/review-matthew-l-jockers-macroanalysis-digital-methods-literary-history.

Meillassoux, Quentin. 2010. *After Finitude*: *An Essay on the Necessity of Contingency*. London: Bloomsbury Academic.

Metzinger, Thomas. 2004. *Being No One*: *The Self-Model Theory of Subjectivity*. Cambridge, MA: MIT Press.

Mitchell, Tom. n. d. "NELL: Never-Ending Language Learning. " Read the Web: Research Project at Carnegie Mellon University. rtw. ml. cmu. edu/rtw. Accessed October 17, 2015.

Moretti, Franco. 2013. "Network Theory, Plot Analysis. " In *Distant Reading*, 211 - 40. New York: Verso.

Nealon, Jeffrey. 2016. *Plant Theory*: *Biopower and Vegetable Life*. Stanford, CA: Stanford University Press.

Neefjes, J. , and R. van der Kant. 2014. "Stuck in Traffic: An Emerging Theme in Diseases of the Nervous System. " *Trends in Neuroscience* 37 (2): 66 - 76.

Nelson, Katherine. 2003. "Narrative and the Emergence of a Consciousness of

Self. " In *Narrative and Consciousness*: *Literature*, *Psychology and the Brain*, edited by Gary D. Fireman, Ted E. McVay, and Owen J. Flanagan, 17 - 36. Oxford: Oxford University Press.

Neocleous, Mark. 2003. "The Political Economy of the Dead: Marx's Vampires." *History of Political Thought* 24, no. 4 (Winter).

Nicolelis, Miguel. 2012. *Beyond Boundaries*: *The New Neuroscience of Connecting Brains with Machines—and How It Will Change Our Lives*. Reprint ed. London: St. Martins Griffin.

Núñez, Rafael, and Walter Freeman, eds. 1999. *Reclaiming Cognition*: *The Primacy of Action*, *Intention and Emotion*. Thorverton, UK: Imprint Academic.

Otis, Laura. 2001. *Networking*: *Communicating with Bodies and Machines in the Nineteenth Century*. Ann Arbor: University of Michigan Press.

Parikka, Jussi. 2010. *Insect Media*: *An Archaeology of Animals and Technology*. Minneapolis: University of Minnesota Press.

Parisi, Luciana. 2004. *Abstract Sex*: *Philosophy*, *Bio-Technology and the Mutations of Desire*. London: Continuum.

———. 2015. "Critical Computation: Digital Philosophy and GAI." Presentation at the "Thinking with Algorithms" Conference, University of Durham, UK, February 27. Forthcoming in *Theory*, *Culture and Society*.

Parisi, Luciana, and Steve Goodman. 2011. "Mnemonic Control." In *Beyond Biopolitics*: *Essays on the Governance of Life and Death*, edited by Patricia Ticento Clough and Craig Willse, 163 - 76. Durham, NC: Duke University Press.

Patterson, Scott. 2010. *The Quants*: *How a New Breed of Math Whizzes Conquered Wall Street and Nearly Destroyed It*. New York: Random House.

———. 2012. *Dark Pools*: *High-Speed Traders*, *A. I. Bandits*, *and the Threat to the Global Financial System*. New York: Crown Business.

Paycheck. 2003. Director John Woo.

PBS. 2010. "The Warning." Director Michael Kirk. *Frontline*. Available at http://www.pbs.org/wgbh/pages/frontline/warning/view/.

———. 2013. "Rise of the Drones." *Nova*, January 23. http://www.pbs. org/wgbh/nova/military/rise-of-the-drones.html.

Pentland, Alex. 2008. *Honest Signals: How They Shape Our World.* Cambridge, MA: MIT Press.

Perez, Edgar. 2011. *The Speed Traders: An Insider's Look at the New High-Frequency Phenomenon That Is Transforming the Investing World.* New York: McGraw Hill.

Perloff, Marjorie. 2012. *Unoriginal Genius: Poetry by Other Means in the New Century.* Chicago: University of Chicago Press.

Pinker, Steven. 2007. *The Language Instinct: How the Mind Creates Language.* New York: Harper.

Pollan, Michael. 2013. "The Intelligent Plant." *New Yorker*, December 23. http://www.newyorker.com/magazine/2013/12/23/the-intelligent-plant.

Poovey, Mary. 2008. *Genres of the Credit Economy: Mediating Value in Eighteenth and Nineteenth-Century Britain.* Chicago: University of Chicago Press.

Power, Matthew. 2013. "Confessions of a Drone Warrior." *GQ*, October 23. http://www.gq.com/news-politics/big-issues/201311/drone-uav-pilot-ass assination.

Powers, Richard. 2007. *The Echo Maker.* New York: Picador.

Ramachandran, V. S. 2011. *The Tell-Tale Brain: A Neuroscientist's Quest for What Makes Us Human.* New York: W. W. Norton.

Regan, Tom. 2004. *The Case for Animal Rights.* Berkeley: University of California Press.

Riese, Katrin, Mareike Bayer, Gerhard Lauer, and Annekathrin Schact. 2014. "In the Eye of the Recipient." *Scientific Study of Literature* 4 (2): 211–31. http://www.ingentaconnect.com/content/jbp/ssol/2014/ 00000004/00000002/art00006.

Rosch, Eleanor. 1999. "Reclaiming Concepts." In *Reclaiming Cognition: The Primacy of Action, Intention and Emotion*, edited by Rafael Núñez and Walter J. Freeman, 61–78. Thorverton, U.K: Imprint Academic.

Rosen, Robert. 1991. *Life Itself: A Comprehensive Inquiry into the Nature, Origin, and Fabrication of Life*. New York: Columbia University Press.

Rotman, Brian. 1987. *Signifying Nothing: The Semiotics of Zero*. Stanford, CA: Stanford University Press.

Rowe, E. 2002. "The Los Angeles Automated Traffic Surveillance and Control (ATSAC) System." *Vehicular Technology, IEEE Transactions* 40 (1): 16 – 20.

Sacks, Oliver. 1998. *The Man Who Mistook His Wife for a Hat: And Other Clinical Tales*. New York: Touchstone.

Saldívar, Ramón. 2013. "The Second Elevation of the Novel: Race, Form, and the Postrace Aesthetic in Contemporary Narrative." *Narrative* 21 (1):1 – 18.

Schear, Joseph K. , ed. 2013. *Mind, Reason, and Being-in-the-World: The McDowell-Dreyfus Debate*. London: Routledge.

Scott, David. 2014. *Gilbert Simondon's Psychic and Collective Individuation: A Critical Introduction and Guide*. Edinburgh: Edinburgh University Press.

Searle, John. 1980. "Minds, Brains and Programs." *Behavioral and Brain Sciences* 3 (3): 417 – 57.

Serres, Michel, with Bruno Latour. 1995. *Conversations on Science, Culture and Time*. Ann Arbor: University of Michigan Press.

Shannon, Claude E. 1993. "Prediction and Entropy of Printed English." In *Claude E. Shannon: Collected Papers*, edited by N. Sloane and A. Wyner, 194 – 208. New York: Wiley-IEEE Press.

Shannon, Claude E. , and Warren Weaver. 1948. *The Mathematical Theory of Communication*. New York: American Telephone and Telegraph Co.

Shukin, Nicole. 2009. *Animal Capital: Rendering Life in Biopolitical Times*. Minneapolis: University of Minnesota Press.

Simondon, Gilbert. 1989. *L'individuation psychique et collective: À la lumière des notions de forme, information, potentiel et métastabilité*. Paris: Editions Aubier.

Simons, Daniel J. , and Christopher S. Chabis. 1999. "Gorillas in Our Midst. " *Perception* 28:1059 – 74.

———. 2011. *The Invisible Gorilla: How Our Intuitions Deceive Us.* New York: Harmony Books.

Singer, Peter W. 2010. "The Ethics of Killer Applications: Why Is It So Hard to Talk about Morality When It Comes to New Military Technology?" *Journal of Military Ethics* 9 (4): 299 – 312.

Smith, Mick. 2011. *Against Ecological Sovereignty: Ethics, Biopolitics, and Saving the Natural World.* Minneapolis: University of Minnesota Press.

Stafford, Barbara. 2008. *Echo Objects: The Cognitive Work of Images.* Chicago: University of Chicago Press.

Stewart, Garrett. 1990. *Reading Voices: Literature and the Phonotext.* Berkeley: University of California Press.

Stiegler, Bernard. 1998. *Technics and Time*, vol. 1: *The Fault of Epimetheus.* Translated by Richard Beardsworth and George Collins. Stanford, CA: Stanford University Press.

———. 2008. *Technics and Time*, vol. 2: *Disorientation.* Translated by Stephen Barker. Stanford, CA: Stanford University Press.

———. 2010a. *For a New Critique of Political Economy.* Cambridge: Polity Press.

———. 2010b. *Taking Care of Youth and the Generations.* Stanford, CA: Stanford University Press.

Stockdale Center for Ethical Leadership, US Naval Academy, McCain Conference. 2010. "Executive Summary and Command Brief. " *Journal of Military Ethics*, 9 (4): 424 – 31.

Stone, Christopher D. 2010. *Should Trees Have Standing? Law, Morality, and the Environment.* 3rd ed. London: Oxford University Press. Originally published 1972.

Strang, Veronica. 2014. "Fluid Consistencies: Material Relationality in Human Engagements with Water. " *Archeological Dialogues* 21 (2): 133 – 50.

Suarez, Daniel. 2013. *Kill Decision*. New York: Signet.

Taleb, Nassim Nicholas. 2010. *The Black Swan: The Impact of the Highly Improbable*. 2nd ed. New York: Random House.

Tamietto, Marco, and Beatrice de Gelder. 2010. "Neural Bases of the Nonconscious Perception of Emotional Signals." *Nature Reviews* 11 (October): 697 – 709.

Terranova, Tiziana. 2006. "The Concept of Information." *Theory, Culture and Society* 23:286.

Thrift, Nigel. 2004. "Remembering the Technological Unconscious by Foregrounding Knowledges of Position." *Environment and Planning D: Society and Space* 22:175 – 90.

———. 2007. *Non-Representational Theory: Space, Politics, Affect*. London: Routledge.

Tompkins, Peter, and Christopher Bird. 1973. *The Secret Life of Plants*. New York: Harper and Row.

Trewavas, A. 2005. "Aspects of Plant Intelligence." *Annals of Botany* (London) 92:1 – 20.

Tucker, Patrick. 2014. "Inside the Navy's Secret Swarm Robot Experiment." *Defense One* (October 5). http://www.defenseone.com/technology/2014/10/inside-navys-secret-swarm-robot-experiment/95813/. Accessed July 7, 2015.

Turing, Alan. 1936 – 37. "On Computable Numbers, with an Application to the Entscheidungsproblem." *Proceedings of the London Mathematical Society*, ser. 2, 42:230 – 85. http://www.turingarchive.org/browse.php/B/12.

University of Massachusetts Medical School. n. d. "Mindfulness-Based Stress Reduction (MBSR)." http:www.umassmed.edu/cfm/stress/index.aspx.

Van der Helm, Frans. 2014. "Design/Embodiment." Panel discussion at the Critical and Clinical Cartographies Conference, Delft University of Technology, November 13 – 14. http://www.bk.tudelft.nl/fileadmin/Faculteit/BK/Actueel/Agenda/Agendapunten_2014/doc/Critical_Clinical_Cartographies_Conference_brochure.pdf. Accessed July 7, 2015.

Varela, Francisco J. , and PaulBourgine, eds. 1992. *Toward a Practice of Autonomous Systems*. Cambridge, MA: MIT Press.

Varela, Francisco J. , Evan Thompson, and Eleanor Rosch. 1992. *The Embodied Mind: Cognitive Science and Human Experience*. Cambridge, MA: MIT Press.

Vasko, Timothy. 2013. "Solemn Geographies of Human Limits: Drones and the Neocolonial Administration of Life and Death. " *Affinities: A Journal of Radical Theory, Culture, and Action* 6 (1): 83 - 107.

Velmans, Max. 1995. "The Relation of Consciousness to the Material World. " In *Explaining Consciousness: The Hard Problem*, edited by J. Shear. Cambridge, MA: MIT Press. Available at http://www.meta-religion.com/Philosophy/Articles/Consciousness/relation_of_consciousness.htm.

————. 2003. "Preconscious Free Will. " *Journal of Consciousness Studies* 10 (2): 42 - 61.

Verbeek, Peter-Paul. 2011. *Moralizing Technology: Understanding and Designing the Morality of Things*. Cambridge: Cambridge University Press.

Von Neumann, John. 1966. *Theory of Self-Reproducing Automata*. Edited and completed by Arthur W. Banks. Urbana: University of Illinois Press.

Wall, Cynthia Sundberg. 2014. *The Prose of Things: Transformations of Description in the Eighteenth Century*. Chicago: University of Chicago Press.

Watts, Peter. 2006. *Blindsight*. New York: Tor Books.

Weiskrantz, Lawrence, E. K. Warrington, M. D. Sanders, and J. Marshall. 1974. "Visual Capacity in the Hemianopic Field Following a Restricted Occipital Ablation. " *Brain* 97:709 - 28.

Whitehead, Alfred North. 1978. *Process and Reality: An Essay on Cosmology*. Edited by David R. Griffin and Donald W. Sherburne. New York: Free Press/Macmillan.

Whitehead, Colson. 1999. *The Intuitionist*. New York: Anchor Books.

———. 2009. "Year of LivingPostracially." Op-Ed. *New York Times*, November 2.

Wiener, Norbert. 1950. *The Human Use of Human Beings: Cybernetics and Society*. New York: Houghton Mifflin.

Williams, Raymond. 1977. *Marxism and Literature*. Oxford: Oxford University Press.

———. 2003. *Television: Technology and Cultural Form*. London: Routledge.

Wilson, E. O. 2014. *The Meaning of Human Existence*. New York: W. W. Norton.

Wolfe, Cary. 2009. *What Is Posthumanism?* Minneapolis: University of Minnesota Press.

Yaroufakis, Yanis. 2013. *The Global Minotaur: America, Europe, and the Future of the Global Economy*. London: Zed Books.

Zenko, Micah. 2013. *Reforming U. S. Drone Strike Policy* (Council Special Report). Washington, DC: Council on Foreign Relations Press.

译后记

作为一名文科背景的学生,翻译凯瑟琳·海尔斯教授的著作《无思考:认知非意识的力量》是一次心灵和智识上的双重挑战。海尔斯教授的理论发展与案例应用横跨多个学科领域,从神经科学到计算机技术,从现代媒介到科幻文学,她提出的"认知系综"(cognitive assemblage)的框架具有扎实的解释力。这一框架的核心立场是去人类中心,即强调人作为万物之灵长的生物基础——认知能力并非人类所独有,地球生态和技术系统同样具备超凡的认知力。人既没有狼那样敏锐的鼻子,也跟不上高频交易算法的操作速度。人类与非人类的最大不同,就在于他们拥有一个脆弱的自我和一颗自私的心。海尔斯教授对人类意识和现代社会灾厄的批评是深刻的,她阐述了一些绝大多数人都不知道,甚至也不想知道的重要观点,这些观点指出:一方面人类在关键的经济、生态和技术系统设计上抱有极端不负责任的心态,而人类社会也没有做好准备与自动化技术系统和谐共处;另一方面,尽管人的头脑有很大的局限,他们的想象力和创造力为未来提供了很多可能性,前提是人要尝试接纳意识的缺陷。

本书的翻译过程充满了快乐,时常也有困难。海尔斯教授的观点充满张力,我有时在读完一段后按捺不住兴奋,要离开书桌,一边揣摩词句,一边在走廊上走来走去。著作中使用了大量来自不同领域的专业术语,吸收转换时屡有碰壁,幸亏有多位理工背景朋友的倾情相助,以及互联网信息检索系统的支持,让我得以站在巨人的肩膀上完成了本书的翻译。书稿在出版前进行了数次修改,一些晦涩的词句也经历了反复消化与订正,但无奈我的水平有限,无法解决翻译腔的问题,也难免会有错译,希望读者多多海涵、指正。回顾三年的翻译过程,只觉得十分满足与享受。反复咀嚼海尔斯教授的观点,不仅唤醒了我对自然科学学科的好奇,也增进了我对社科批判框架的整体认识,促使我更加用力地投入信息媒介与人的组织相关的博士研究当中。和同学、朋友王丁丁一起探讨书中的观点和术语让我体验到充满刺激性的思考,获益匪浅。

2015年秋天第一次在昆山杜克大学见到海尔斯教授时,我还是一个大三的本科生。当时的我无法预料这神奇的缘分会带来怎样的探索之旅,也不敢想象本书会启迪我的硕士和博士学习。最后要感谢海尔斯教授、加州大学圣地亚哥分校文学专业博士生王丁丁,没有她们的帮助就没有本书的中文版。

冷君晓

2023 年 11 月